WILL DURANT

追寻幸福

THE PURSUIT of HAPPINESS

[美] 威尔・杜兰特 ♦ 著
赵宴群 ♦ 译

中信出版集团 | 北京

图书在版编目（CIP）数据

追寻幸福 /（美）威尔·杜兰特著；赵宴群译 . --
北京：中信出版社，2021.6
书名原文：The Pursuit of Happiness
ISBN 978-7-5217-1043-4

Ⅰ . ①追… Ⅱ . ①威… ②赵… Ⅲ . ①人生哲学－通
俗读物 Ⅳ . ① B821-49

中国版本图书馆 CIP 数据核字 (2020) 第 034462 号

追寻幸福

著　　者：［美］威尔·杜兰特
译　　者：赵宴群
出版发行：中信出版集团股份有限公司
（北京市朝阳区惠新东街甲 4 号富盛大厦 2 座　邮编　100029）
承 印 者：北京诚信伟业印刷有限公司

开　　本：787mm × 1092mm　1/16　　印　　张：18.25　　字　　数：215 千字
版　　次：2021 年 6 月第 1 版　　印　　次：2021 年 6 月第 1 次印刷
京权图字：01-2019-3750
书　　号：ISBN 978-7-5217-1043-4
定　　价：69.00 元

服务热线：400-600-8099
投稿邮箱：author@citicpub.com

目录 CONTENTS

推荐序

中信出版集团推出了四部一套的威尔 · 杜兰特系列：《哲学家》《哲学课》《追求幸福》《生命的意义》。

杜兰特是位大学者，曾写下皇皇十数册巨著《世界文明史》。而杜兰特为我国作者所熟知，则多半是因他那部《哲学的故事》，洋洋洒洒几十万字。这本书 1926 年出版，短短一年内售出 100 万册。多年以来我也总是向愿意了解哲学的青年推荐杜兰特的这本书，倒不是跟风——我后来才知道这本书这么 popular（流行），我只是自己读时兴致盎然，的确，这本书把哲学家和哲学写得如此生动，想不受吸引都难。

中信现今出版的这个系列里有一部是《哲学家》。不同于《哲学的故事》，这是薄薄的一本，分上下两篇。上篇讲述五位哲学家，苏格拉底、柏拉图、培根、斯宾诺莎、尼采。这“哲学五雄”，《哲学的故事》都写过，不过在这一本里写法不同。下篇可以说是这样一个主题：何为哲学家？总体上，杜兰特认为哲学在沦落，实际上已经“沦落到无人尊重的境地”，沦落的原因甚多，最主要的是哲学的经院化，“太执迷于钻研各种陈旧过时的体系的细枝末节……其创造性又是如此稀缺”。这个结论有点儿简单化，不过，我认为大感觉蛮对头。

另一本是《哲学课》，分别讨论八个方面的问题：逻辑学和认识论、形而上学、伦理学、美学、历史、进步、政治、宗教。常见的哲学主题差不多囊括无余。杜兰特一生沉浸于人类文明发展的研究和思考，对这里出现的大部分论题都有不俗的见解。逻辑学、认识论、形而上学也许不是他的长项，但他也能把握其大要，用清晰而生动的语言呈现出来，初学者仍能从中收获不少。

第三本是《生命的意义》。生命的意义是什么？这是个老掉牙的问题，同时又历久弥新，今人像古人一样不断向自己发问，我们老年人像刚刚开始人生的青少年一样不断向自己发问。杜兰特说："它对我们这一代人也许比对以往任何时候都更称其为问题。"一百年之后，我们也许可以重复这句话。没有谁能为这个问题提供一个普适的答案，但杜兰特承诺，无论年过半百还能剩下多少真诚，他都将尽可能真诚地回答这个问题。

最后说说《追寻幸福》。普通读者也许可以从这一本开始，因为这一本的话题是我们人人都熟悉的：幸福、爱、男人女人、婚姻、孩子、性格。在谈论这些"通俗话题"的时候，杜兰特时时展现出深思熟虑的人生智慧。例如，说到教育，人们看重的往往是让青少年准备好将来谋求生计的本领。这当然是教育的目标之一，然而，青少年将来不只是要去应付生活，他们还要享受生活、理解生活。我们通过友谊、大自然、文学、艺术享受生活，通过历史、科学、宗教、哲学理解生活。这些同样是教育的重要内容。

近年来，坊间出版了不少通俗的哲学类导论，其中不乏佳作，但若只让选一套，我还是选杜兰特。

陈嘉映

2021.2.8

简介 INTRODUCTION

什么是爱？人如何才能幸福？一夫一妻制究竟是一种约束，还是隽永快乐的唯一源泉？孩子是负担还是我们存在的理由？死亡是悲哀还是解脱？最有价值的教育是什么？一个人如何塑造自己的性格？普利策奖得主、著名哲学家、历史学家威尔·杜兰特在这本充满才情的书中回答了有关人类生存状态的重要问题。杜兰特从个人经历出发，以其对人类历史的深入理解，直面这些宏大的问题，用散文式的语言，诗歌般的笔触给出了答案。本书显示了杜兰特对家庭问题的洞察力，阐述了他对生活、死亡、快乐、逆境、婚姻、爱情、为人父母的观点，不是陈词滥调，也不是简单的幸福三部曲，书中所蕴含的永恒智慧可以给新婚夫妇、父母和那些寻求更实在的通往爱情之路的人以参考。生活和幸福是相辅相成、相得益彰的。

——约翰·利特尔

PART 1

第一部分

追求幸福

PURSUE HAPPINESS

第一章

寻求幸福

我们人类社会就像一支支亘古不绝的行军队伍，前仆后继地攀登着一座高耸入云的山峰。山势陡峭、怪石嶙峋，登山的路途非常艰险，很多人遭遇了滑坡，有些人甚至跌落山下。跌落的人们固然绝望，但山脚下蹦蹦跳跳的孩子会重新燃起人类的希望。登山路上有宜人的高峰可供人们稍做休息，但通常只有青年男女才会徘徊逗留，或是玩着野蛮游戏，或是为爱情典礼寻找一处僻静之所。其他人依然不知疲倦、不眠不休地继续前行，带着无限的渴望去寻找那可遇而不可求的福音。人们步履蹒跚，因为他们总是举目张望，期待阳光穿透乌云。许多人就此跌倒，再也爬不起来。走到山腰的队伍屈指可数，到达山顶的更是寥寥无几，人们在迷雾中举起渴望的双手，希冀把握幸福。

许多民族和国家都对幸福孜孜以求，幸福的表现方式在彼时彼地不尽相同。在埃及，幸福是那宏伟的帝业和壮丽的纪念碑；她统治着伟大的民族，拥有大量奴隶，为她的祭司和国王垒起巨石，筑造那通往永生的宫殿。

在中国，幸福存在于智慧和礼仪之中，她深知伟大中的脆弱、人类之疾苦；她的智者们远离战争和权力，崇尚朴素与和平；她的农民带着古老民族特有的耐心精耕细作，从容面对世事变迁，用明亮的色彩粉饰历史长久的贫困。犹太人的幸福是严格自律，她的律条冷酷无情但又无所不包，让骄傲自大的男人和热情似火的女人自我反省、戒骄戒躁；尽管自律有时会让人心碎，但恰恰是自律而不是法律使得犹太民族在历史的兴衰变迁中得以保全。印度人为了攀登幸福的高峰殚精竭虑，但最终还是被拒之门外，于是他们在自我意志的涅槃和无欲无求中找到幸福与平和。

希腊虽是弹丸之地，却并不简单，她的瑰宝是什么？是那不计其数的象征着财富和权力的轮船，还是点缀了蔚蓝大海中那贫瘠山头的白色大理石神庙？也许希腊人自己都不甚了了，直到伯里克利把同盟用于战争的黄金用在了艺术上。普鲁塔克绘声绘色地记下了当时的事情，人们是如何聚集在广场上，抗议这笔为和平支付的昂贵支出，他们提醒伯里克利这些钱是大家投票决定用来打造一支无敌舰队的；伯里克利又是如何以美为由，向人们描绘这样的建筑和雕塑是为了酬答诸神；最后人群又是如何为他的雄辩所折服，雅典娜神像因此得以在帕特农神庙巍然屹立，艺术家头脑中孕育的神圣形象使人们对诸神有了新的想象。当苏格拉底坐在狄俄尼索斯剧场聆听欧里庇得斯悲剧的忧郁歌声时，悲伤的音乐穿过伊克蒂诺的柱廊袅袅上升，环绕着菲迪亚斯的饰带，人们沉浸在美所慷慨给予的幸福之中。然而人们也非常清楚，这一切终究是过眼云烟。

从梭伦到亚里士多德，雅典的智者们都宣扬中庸自制。但是雅典的人民却喜欢纵情寻欢。面对这不惜一切代价寻欢作乐的民族，哲学的劝诫变成了徒劳的尝试。雅典人民找到了伊壁鸠鲁的学说来为他们的秘密信条辩护，因为伊壁鸠鲁曾经提出人类应该把快乐当作唯一的善，所以在雅典人民看来，他们和其他人一样遵循了伊壁鸠鲁这个近似斯多葛学派的观点，即放弃短暂的肉体满足而追求永恒的心灵快乐。然而，希腊最终却走向了和印度一样的观点，谴责欲望就是妥协和新渴望之间无用的轮回。希腊最后的哲学内容更接近于东方的圣人思想。因为事实上，斯多葛学派的创始人是一个破产的善良的犹太商人，而不是冲动的雅典人。他把斯巴达军队严厉的传统和东方的宿命论融合起来。因此，当包括芝诺在内的雅典人发现自己孤独无援时，他们都转向了斯多葛主义，并把它视作抵制绝望的止痛剂。人们开始对现实生活置之不理，而是在冷漠和自我否定中寻找幸福。

当罗马主宰整个地中海世界时，斯多葛主义满足了包括奴隶主和奴隶在内的所有人的需求：奴隶除了扼杀欲望别无选择；而那些受过战争和野蛮运动训练的奴隶主则宁愿抛弃一切情感，以免受制于自己定下的规则。对罗马人来说，幸福就是权力，他们藐视愉悦，即使在休战期间，他们也崇尚野蛮的放纵。但是当罗马人完成征服大业之后，他们就开始毫无节制地耽于声色，也因此毁掉了辛苦建立的基业，世界重新陷入以前的无序和贫困中。这时，一种新的斯多葛主义从中世纪基督教的禁欲主义中诞生了，它使得人们在之后的一千年里都认为尘世是罪恶的，而幸福只存在于死亡后的美丽天堂里。直到文艺复兴带来了繁荣和富裕，人们才再次相信尘世间也有幸福。

那时的欧洲人沉溺于来自东方的各种精美绝伦之物，他们重新爱上了美与愉悦，推崇那些能够创造极致永恒之美的人。在那些辉煌的世纪里，艺术家得到前所未有的追捧，教皇、军队首领和金融家们争先恐后地希望得到安吉洛和提香的“服务”。世界上从来没有哪个民族如意大利人那样，执着地将艺术视作幸福，他们用三百年的时间将自己的国家变成西方世界的画廊。

哥伦布出现了，大西洋代替地中海成为白人家庭的纽带和分割点。英国人在君权中企盼幸福；德国人把幸福寄希望于科学；而法国这个富有创造力的国家则把幸福等同于精湛的技艺。后来，新世界越来越富裕，吸引了每个国家爱冒险的灵魂，如海狸和蚂蚁般辛勤的人们，他们的热情如洪水猛兽，横扫整片富饶的土地，这也是人类寻找幸福的一种方式。

每根移民家庭的血管里都流淌着狂热和不安于现状的血液，因此这个新的民族注定会把积极行动和成功视作幸福。这个新的民族还年轻，因此并不关注精神道德的发展；它更像一个健壮的运动员，为自己拥有强健的肌肉和勇气而感到自豪，对它来说幸福就是肉体的健康。这个新民族知道，先要有肉体才会有灵魂，先要有安全才会有文明，先要有财富才会有艺术，因此它把全部精力都用于成长壮大，推崇那些使其成为地球主宰的人。

现在这个新的民族已经有了无数富丽堂皇的大厦，外来人口的手工艺品琳琅满目。它也试图去喜爱、去理解、去模仿这种美，甚至鼓起勇气让自己和这种美相匹配。但最终却是徒劳，于是它开始怀疑幸福究竟是什么。它不再只是一个健壮的运动员，而是一个虽有万贯家财却突然厌恶财富的人，它的内心有一种莫名的空虚感。而过去，它的内心却充满了竞争的热情和收获的激动。谁又能知道这个富翁有一天会不会抛弃豪宅与财富，重新踏上寻找幸福的旅程呢？

第二章

幸福、欲望、美

无数人百转千回地寻找着幸福，然而又有多少人能得偿所愿？此刻，漫天的黄沙吞噬着金字塔，而所谓“不死”法老的幽灵如海市蜃楼般徘徊在沙漠酷热的空气里；埃及昔日的辉煌早已烟消云散，只留下阴森的坟墓和那无名艺术家创作的断瓦残垣。那些被奴役的艺术家，那些驱使奴隶的国王，他们得到过幸福吗？

博学的中国儒家学者脸上烙印着岁月的痕迹，他们低垂的双目似乎洞悉一切又无所企盼，他们幸福吗？难道知识越多越忧伤？我们的智慧是否只是一种幻觉和退缩，是否意味着对所有美好愿望的放弃，抑或只是对我们带着些许遗憾回顾年轻鲜活的信仰时的讽刺和怜悯？孩子与智者，谁更聪明，谁更快乐？无数的文学措辞都阐明了同一个哲学真理：“所有的哲学家都是悲观主义者。”快乐和智慧往往不可兼得。

如果那些行脚僧、斯多葛主义者、苦行者和虔信派教徒没有对幸福怀有秘密的希冀，那么他们是对我们这些俗人的超越；但如果他们的自我克制中暗藏着对未来和来生美好回报的梦想，那么他们是彻彻底底的反伊壁鸠鲁者！为了未知的快乐而放弃尘世间实实在在的美是多么愚蠢啊！普日贝谢夫斯基讲过一个年轻圣徒的故事：这个人下定决心消灭一切私欲以示虔诚，从而使自己终有一天能够从波兰出发去罗马朝圣。多年以后，他感到自己的心灵已经纯净了，于是不远千里、跋山涉水来到不朽之城的大门前。此时，他突然萌生一个想法："既然我已经牺牲了那么多微小的快乐，我何不克制自己不进入罗马，不看上帝之脸，以使自己的虔诚得以圆满呢？"他成了自己思维定式的牺牲品，他重新回到千里之外的小村庄，到家后他就崩溃了，余下的日子都是在胡言乱语中度过的。这个故事告诉我们，不要过度克制自己。我们只能誓不伤害或冒犯他人，其余的就让戒条律例发挥作用吧。

相较于扼杀欲望，不如在美中寻求幸福更为明智。但可惜的是，美是无法言说的。最美好的事物中往往隐藏着最深刻的悲哀，因为美是如此脆弱，经不起时间的摧残。时间既是我们最好的朋友，也是最大的敌人：它给予我们智慧，也带给我们死亡。大自然是如此无情，无论是鲜花的凋谢，还是美好的昙花一现，其实在其孕育之时就已注定。

爱好艺术的人是智慧的，因为尽管艺术家创造的美远不如大自然创造的美那么丰富和令人惊叹，但它却能赋予美以永恒。盛开的鲜花、繁盛的枝叶都会随着夏日的逝去不复存在，春天的万物复苏不过是大自然带来的补偿性礼物。每个经历过冬日凛冽寒风的人看到四月的葱茏就会预感到衰落的来临。艺术正是为慰藉这些心灵而生的，阿佛洛狄忒优雅的雕像让人流连忘返、浮想联翩，墙上柯罗或透纳的作品使我们重温春夏的明媚。雕刻之所以是最伟大的艺术，是因为它可以把美刻画得既能如大理石般隽永，又能如人体般温润。

然而，雕塑中总有些冷冰冰的东西让我们感到不适。因为艺术虽可以永存，却不是活生生的；它可以生动地模仿一切，却无法模仿生命。阿佛洛狄忒永远不可能如凡间的美人般爱上我们。卢梭油画中的那些树虽然几欲在微风中翩翩起舞，却不能为我们遮阴蔽日，或是成为幽会之地。而时间也总以它自己的方式侵蚀着大理石的形状，剥落精致的颜料，即使达·芬奇的杰作也敌不过岁月的侵蚀。上百名艺术家灵感的迸发筑就了帕特农神庙的庄严，却因枪手的一颗子弹毁于一旦。美的创造总是筚路蓝缕，美的毁灭却易如反掌。

只有那些陶醉于甘甜乳汁的人才会在艺术中寻找幸福，那些意志坚强的人则会从权力、财富、科学中找到幸福。科学能让大自然所有的力量都屈服于人类意志。雪莱曾说过：“权力像蔓延的瘟疫，遇上的人都会染上它。人们总是为了权力而丧失良心。”拿破仑说：“我的弟弟约瑟夫太善良了，所以成不了伟人。”所谓无毒不丈夫，政治是容不下怜悯之心的。毫无疑问，俾斯麦和皮特感受过权力的幸福，帝国曾因他们的一声令下而崛起或消亡。加富尔、米拉波和华盛顿也有过同样的自豪感，因为他们使人民获得了解放，这是一种比幸福感更伟大的荣誉感。也许我们可以从华盛顿临终前的痛苦中、从林肯脸上写满历史的皱纹中了解这些人的幸福所在。幸福是一个谦虚的精灵，它可以在陋室中欢乐嬉戏，却对皇宫避之唯恐不及。它鄙薄虚名，深知梅花香自苦寒来。

科学家的头脑远比那些头顶皇冠的人冷静。无论是忙碌的实验室还是偏僻的研究所，总有一种崇高的宁静感存在。而在这清冷的气氛下，涌动着迈向真理的热血和激情，如情人般为爱痴狂，如艺术家般为美雀跃。谁不钦佩科学家对研究工作的耐心与执着呢？谁不羡慕他们发现真理时脸上洋溢的幸福呢？我们不宜贬低任何事物，但是对于那些把来之不易、象征光明的知识用在掠夺财富和发动战争等罪恶用途上的人，我们必须毫不留情地予以抨击。

有位智者曾说，财富并不总是被清清白白积累起来的，多半是积累之人奉行了金钱至上主义。因此，人们总是会做大量的慈善事业来清除身上的铜臭味。我们也许会因为一个人的大方施舍而忘了他是如何赚来金钱的，但他自己能忘吗？如果他一直靠榨取奴隶的血汗来换取黄金，那么他终将变得铁石心肠。人生苦短，世事无常，鲜有人能获得从贫穷变富裕、由无知变有知这样两全其美的人生际遇。这是一个艰难的抉择，选任何一个都有痛苦，按《旧约·传道书》的说法，智慧和善是一脉相承的。

于是，有钱人转而追求感官的愉悦，世界上大部分人也趋之若鹜。他们并非不明智，而是因为一切美好事物在被证实有罪之前都是无辜的，并且所有推断都证明了其存在的合理性。生活如此艰难，我们就不要再刻意约束、画地为牢了；幸福如此难觅，那就敞开大门去欢迎它吧。那些亵渎神学的愉悦很快就如白驹过隙，让我们产生审美疲劳、视若无睹；各种快乐也会稍纵即逝，失去魅力，以至我们会怀疑当初是如何被诱惑的。即使是爱情，一旦得到满足也会变得可笑。或许等我们进入耄耋之年再转向禁欲主义也不迟。

这就再次证明了一句古语：所有看上去甜美的东西，吃上去却是苦的；鲜花一经采摘就要凋谢；爱情一求回报就会死亡，这就是快乐的悲剧。回忆过去总比面对现实更让人感到温馨，我们已经不记得采摘玫瑰时刺痛手指的荆棘，也早已忘却岁月对我们的侮辱和伤害，我们只会记得胜利的喜悦。于是，我们的记忆就变成了只珍藏自豪感的宝库。相较于过去的选择和对未来的憧憬，当下显得渺小而又艰难。得陇望蜀是人之常情，“回首四顾望前方，心之所向何茫茫”。我们总是失去之后才懂得珍惜。我们拥抱幸福，却又心不在焉；我们挽住快乐，却总感觉幸福还在转角处。我们怎么会变得如此顽固？

第三章

幸福的本质

也许是我们自己搞错了，我们误解了幸福的本质，幸福到底是什么？

伊壁鸠鲁是对的，幸福建立在快乐的基础上。幸福之于快乐，恰如马克·吐温所说的气候之于天气，两者是同一的，只是前者维持得更长久。幸福是整体，快乐是部分。幸福是交响乐，音符和旋律是不同的快乐。想要发现幸福的秘密，就要考察它的组成部分，所以让我们来研究快乐的起源和本质吧。

同其他情感一样，快乐会伴有身体的各种变化，并有意识地反作用于大脑。血液循环会加快，特别是大脑的血液循环会让眼睛熠熠发光。莱曼的试验表明，不管是精神的快乐还是肉体的快乐都会引起动脉扩张、心跳加速。[1] 人的呼吸会变得急促，身体会发热，组织的新陈代谢也会加快。腺体会向血液分泌大量的激素，使人们开怀大笑、引吭高歌以宣泄精力。

1. 里博：《情绪心理学》，第 52 页，伦敦，1906 年。

汉弗莱·戴维爵士发现了钾之后，在实验室里手舞足蹈。健康来自快乐和欢笑，甚至已有证据显示，快乐可以增加手臂的力量。[1]我们大部分感官和精神上的快乐都依赖于肌肉、肺、心脏、消化道和四肢的运动知觉和器官感觉。信仰、希望和爱似乎扩展了人体的每一个细胞；而怀疑、害怕和仇恨则像毒药一样收缩我们的身体组织。快乐可以加速生命和成长的过程，因为它可以让血流加速，让细胞扩张兴奋。所有这些变化都会向大脑传递信息，构成人体的快乐。

很明显，快乐的感觉和快乐的行为是相伴相随而不是互为因果的。我们不是因为某些东西愉悦了我们才对其产生欲望，而是因为我们需要这些东西才能从中得到快乐。欲望是一种本能，植根于我们的个体需求和社会需求。当代心理学总是习惯性地全盘否定快乐对人类行为的决定性作用，但很有可能正是这种夸大其词使得心理学如此流行。本能（或称天然反应）与记忆很快就会被混为一体，后天习得的知识会随着年龄的增长而越来越多地内化在我们的行为中。因此，快乐只是唤醒或勾起欲望的伴奏，而不是诱因。许多快乐总是在不经意间与我们邂逅，并在记忆中留下芬芳，吸引我们重温旧梦！

我们从心理学角度对快乐做了充分的分析，对它的生理学分析就相对简单了。斯宾塞说："痛苦和伤害身体的行为有关，快乐则依赖于有益于身体的行为。"[2]这个原则通常是对的，但也有例外，因为事实上很多行为虽然有害却会带来快乐。但那只是因为我们经验不够，不足以让我们认清

---

1. 安吉尔：《心理学》，第 65 页，纽约，1908 年。

2. 《心理学原则》，第 1 卷，第 279 页，纽约，1910 年。

其缺陷而产生的本能反应。反而是动物通常可以本能地拒绝一切对它有害的事物。一个更有争议的话题是，有些快乐是从杀死个体的行为中获得的。比如，雄蜘蛛多半是被它刚刚交配过的雌蜘蛛吃掉的。后代的繁衍通常预示着死亡，这就是永恒的爱之死。所以，我们要修正一下斯宾塞的话，那些能让快乐相随而至的行为，要么是对个体有益的，要么是对物种有益的。即使是自杀式的英雄主义也可能是一种快乐，因为不是所有的人都会本能地在乎生死，为国捐躯也是愉快而庄严的。

第四章

本能的幸福

如果幸福是一种本能，我们就有望在人类最原始的冲动——饮食中找到最初的和最简单的幸福。梅特罗多洛说：“所有美好的事情都与满足口腹之欲有关。”看起来确实如此，吃饭是人生大事，它所带来的快乐会映在脸上。从这个角度看，士兵们会觉得自己的生活一团糟。年轻人把钱花在爱情上，中年人把钱花在食物上，老年人则把钱花在医药上。从某种意义上讲，这也是明智的。因为即使牺牲了每个阶段的快乐，我们的寿命也不会延长，也许年纪大了看病吃药是在所难免的，且让我们抓住时光及时行乐吧！

饥饿会让人产生食欲，也会膨胀为无节制的物欲。贪婪和无限的食欲并不是一种对食物的自然渴望。每一次食欲的满足带来的都是欲望的幻灭，因为如果吃得太好但吃得不理智，人们的脸上也不会洋溢出健康的色彩。我们能吃的食物是有限的，我们的物欲却是无限的。欲望是一个循环，就像苏格拉底对亚里斯提卜说的，“挠痒痒只会越挠越痒”。因此，智慧首先在于权衡。聪明亦是一种美德，因为我们只有通过聪明的艺术手段才能协调欲望的个人主义。正如毕达哥拉斯所说，和谐是最高境界的哲学，它在有序的世界里、在我们的生活中传播着平静的乐章。

饮食是人类最主要的本能，斗争的本能仅次于它。斗争的过程会让人获得强烈的快感。尼采说，发怒可能是一种健康的神经衰弱。我们通常很享受发怒的过程，每一句激烈的言辞，每一次抡起的拳头，似乎都有充分的理由，直到被对方狠狠地回击。骄傲总是与好战如影随形，它会让人在享受快乐的同时变得强硬。为了维持骄傲，人们总是会找比自己弱的对象做比较。骄傲同其他事物一样也是善恶参半的，它需要人们时刻准备着，它也赋予肉体以力量、赋予心灵以自信，所有的天才都离不开它。最终，好胜心会主宰一切（如果一切顺利的话），强大的心灵会找到一种动物性的快乐。幸福潜藏在积极主动的行为中，而与谨小慎微的消极退缩无缘。幸福是好奇而不是安于现状，是骄傲而非谦卑，是好战而非逃避，是掌控而非服从。

行动的本能才是幸福之所倚。移动、爬行、站立、走路、跑步、爬山、游泳、飞翔这些都是我们能力的天然表达方式，其中蕴藏着多少奇特的快乐！一个人要全面发展，必须伸伸腿、晒晒太阳。当你感到心灵受伤的时候，就一个人出去跑四英里[1]，广阔的天地会治愈你的心灵。腿就是用来走路的。拉罗什富科公爵认为人最强烈的本能是能坐则坐。这可能是实话，却是一种消极的技能，因为它无法撼动人心。万事万物并非静止不变。一个人若想站得更高，自己首先要站起来。

---

1. 1英里≈1.61千米。——译者注

人类最初的幸福感来自母亲的乳房，其次则来自玩乐。孩子们疯玩是出于什么目的？是什么样的秘密欲望使得孩子们保持旺盛的精力？其实没有什么秘密，玩乐就是他们的目的。游戏是孩子们的自我奖励。孩子们很幸福，因为他们会及时行乐。他们的行为没有什么长远的目的，他们只着眼于当下，而不是徒劳地仰望星空；他们也会摔倒，但不会摔得很惨。

孩子们总是欢声笑语，所以如果我们想要了解幸福的秘密，就要让自己融入儿童和青年人中，汲取他们的精神。去听听那些狂野的笑声，那是身上每一块儿肌肉的快乐颤抖。放声大笑不是微笑，后者只是前者的流产儿而已。也有人认为放声大笑很不文雅，这是一种致命的错误。或者说，要求文雅本身就是一种可笑的错误。生活并不如宗教和哲学说的那么重要。除了孩子，我们对其他事都不必太较真。即使是和孩子相处，幽默感（或是幽默的观点）也比教条式的教育有用。从永恒意义上来看待事物是幽默、宽容和理解的秘密所在。愤世嫉俗的认识论者会问，幽默和哲学之间的关系是什么，答案很明显，它们互为本质。

人生的第三个幸福阶段是激情澎湃的青年时期。在这个年龄段，我们不再如儿时般快乐，生活变得严肃起来，我们会意识到当下和未来的责任，会思考世界的变革。但是青年时期的生活依然是充满活力的，积极主动意味着一半幸福的来临。为什么即使用最好的收音机来播放高雅音乐，我们也还是很快就会厌倦？因为幸福青睐积极主动，被动的快乐是不会持久的。看看那些打网球、游泳的青年男女，他们多么敏捷，动作多么协调而富有诗意，他们的肩膀泛着闪亮的水光，脚踝魅惑迷人，眼睛熠熠生辉，所有的旋转都是灵与肉的和谐！和谐会不会是幸福的好伴侣呢？幸福是对自我的充分表达，也是对和谐全身心的追求。

健康是和谐不可或缺的条件。如果我们对幸福探本究源，就会发现其根本在于完美健康的肉体。这不足为奇，因为我们都有身体，如果身体不健康，再多的智慧也无法使我们感到幸福。“只有哲学家才能默默忍受牙疼。”[1]只要身强力壮，即使大难临头，痛苦也会骤减。幻灭的爱情也许会让我们心碎，但伤口很快就会愈合。只要身体健康，即使真相残酷也不会让我们过度伤心。对健康的人来说，每一种知觉，只要不是伤害性的，都是一种快乐。每一种感觉都是存在的理由。爱默生说：“只要赐予我健康和时间，帝王的显赫于我就是一文不值的。”

总而言之，幸福来自行动，而不是沉思。沉思是一种艺术，它的非自然本质从来都无法满足我们。如果说所有的哲学家都很悲观，那么只能说他们静坐得太久了，他们应该重新回到阳光底下做运动。悲观不是哲学，而是一种病态。某个器官受伤或病变所产生的病痛会殃及全身。这种情况下不能讳疾忌医，而是要排解疏导。

阿纳托尔·法朗士说：“如果拿破仑聪明点儿的话，那么他已经在阁楼上写出四本书了。”这个伟大的怀疑论者很少说这种蠢话。我们喜欢斯宾诺莎，不是因为他住在阁楼上，也不是因为他写了四本书，而是因为他展现了一种高雅的智慧，他坚强地承受着巨大的不幸。他的生活智慧比哲学更伟大。最好的生活应该是丰富多彩的，是行动与思想、冒险与专注、责任与危机的有机统一。我们宁可经历拿破仑那样的荣辱兴衰，也不要隔岸观火、故作沉思；我们宁可承受滑铁卢之败、客死他乡，也不要整天纸上谈兵。思考只是一种工具，而不是目的；一旦无法付诸实践，它就会变

1. 莎士比亚：《无事生非》，第五章。

成内心的疾病。拿破仑和斯宾诺莎都不是生活的典范，培根或伏尔泰才是，他们既有伟大的思想，也从事伟大的实践；他们为了永垂不朽，比别人做了更多的牺牲。最充实的生活才是最好的生活。

人类获取食物、斗争、行动的本能都是利己主义的，但如果这些都靠单打独斗完成，那么即使做得再好也会错失幸福的要义。独乐乐，不如与人乐乐。团结合作让我们即使面对战争也会无坚不摧。因为同伴的认可让我们深感温暖，同伴的存在可以带来莫名的安全感，更重要的是我们需要同伴的聆听。友谊其实就是相互倾听。如果乐于倾听，我们就会拥有很多朋友。通常来说，我们的幸福感（在同等情况下）会因我们的社交能力、善良程度的不同而不同。给予比获得更能带来快乐（因为获得意味着服从，给予意味着主宰），信任比怀疑更让人愉悦（因为怀疑如同消化不良），恩赐比施加痛苦更令人快乐，爱比恨更让人高兴。

爱（或者更广义来说是交配的冲动）是最原始的本能，其他本能都臣服于它或为它服务。叔本华将爱看作个体为种群的繁衍所做的牺牲，每一次牺牲都会带来无比的喜悦和巨大的回报！幸福首先在于本能，因而它首先在于爱，爱是最强烈的激情。爱给我们带来的是幸福的第四个阶段，它使我们的幸福感上升到痛得喘不过气来的地步。莎士比亚笔下的俾隆说：“我恋爱了。我相信这会使我忧愁。”这种关于大悲大喜之间奇妙关系的悲哀联想，在叔本华那本关于绝望的“圣经”里被省略了。

鸟儿们不懂形而上学的爱情，它们婉转的叫声中也没有流露出忧郁。音调与舞蹈、音乐与诗歌、和谐与优雅——几乎所有净化我们肉体的艺术和美都是爱的产物。诗人要如何才能把爱赞美得淋漓尽致？谁又知道大自然的美其实也来自同一个源泉——爱呢？除了恋人和艺术家，谁还能感受到黎明的清新、金银花的芬芳，还有静谧的大海那迷人的温柔呢？

爱或被爱都是幸福。欣喜若狂背后隐藏着的暗暗猜疑会加深爱意，就如同一丝杂音或停顿会使音乐更显意味深长。如果爱情的短暂给我们留下的是长久的痛苦，那么只能怪我们自己了。我们凭什么指望别人的爱之歌永不停歇呢？那种欣喜若狂的感觉总是容易逝去，但曾经得到已是幸运。如果爱情之火不可挽回地熄灭了，那是因为我们没有共过患难，或是没有站在一起开创生命与爱情的新未来。

中年时，孩子的到来就是幸福的源泉，这种幸福如同童年时代无忧无虑的欢笑，如同青年时代的健康与激昂。孩子既是我们精神的导引者、执着生命的象征，也是我们幸福的家园，更是我们自然满足的标记。为孩子付出既是生活的主要目的，也是最重要的幸福。为人父母让我们体会到不同寻常的快乐，也预示着我们将离开这个世界。拿破仑曾有机会体验各种生活乐趣，他却说只有在约瑟芬（尽管她欺骗了他）的怀抱里，或是她把果酱涂抹在皇帝尊贵的脸上时才感到幸福。地位低下的工人也能在家庭的小圈子里感受到幸福。因此，幸福与我们的社交关系和经济地位无关，它是一种传统、自然的快乐，就像把初生婴儿抛向空中，研究他微笑的脸上露出的小酒窝一样。无论贫穷与卑微，伟大与杰出，幸福对它们都一视同仁。

第五章

理解的快乐

我们暂且把哲学放在一边，因为人类最大的满足感并非来自哲学，而是来自生活；并非来自图书馆或寺庙的禅房，而是来自最原始天性的和谐实现。幸福是无意识的，它会在自然状态下不期而至；而一旦我们刻意驻足分析，幸福就会溜走。智慧对于幸福来说不是至关重要的，它只是协调的媒介，是让欲望和谐的工具。但在一定意义上，智慧又是不可或缺的，因为如果欲望之间相互抵消，变成悲伤的徒劳，那么即使我们实现了所有的愿望也没有什么用。

每个人都应该学习，这是一个公认的事实。尽管思考并非易事，但我们时不时地需要思考。无论是个人还是社会，都会在成长中学会秩序的艺术。一个人会意识到他必须把自己的愿望按序排列，以防因小失大。当最终如愿以偿时，他就会发现从总体上看他实现的目标包含了所有的真善美。这样不仅可以求仁得仁，有时也能亡羊补牢。即使事与愿违，他也不会轻易烦恼。因为他知道自己的愿望只是推动世界伟大进步的一个小小动力而已。

智慧是灯，不是火；它能指路，却不能温暖人心，也不能激励人们前行。智慧（带有敬畏之情）一旦关系到幸福，就变成一种负能量。它可以让我们趋利避害，却不能让我们欣喜若狂。智慧就像苏格拉底讲的“恶魔性”，它可以规避危害，却无法掌控一切；它可以让我们免于失败，但不能让我们展翅翱翔。

年轻人有火一样的热情，但缺少灯的指引；年长者有灯的智慧，却因为不再有火一样的热情而瑟瑟发抖。高中毕业生们在舞台上按字母顺序排成一列，末尾那个女孩由于站的位置很偏，连她心爱的父亲都看不到她，她怒火中烧，眼泪汪汪地强颜欢笑。而等到她年纪大了再看到这个壮观的场面时，也许她会对自己当初的崩溃一笑了之。年轻与睿智总是难以两全。年轻人的敏感使得女孩要求爱人完美，任何不顺心的事情都会被放大无数倍。年轻的小伙子也会因为心仪的女孩对其他男子微笑而恨得咬牙切齿。就算现在告诉他，当他白发苍苍时今天的悲剧会变成喜剧，又有什么用呢？

一个人年纪大了就不会再因被蔑视的爱情而伤感，也不会再因被这个忙碌的世界疏忽而痛苦。就像流水和移沙一样，他会找到属于自己的位置安定下来。但正如山之脚不知山之巅，平静也无法了解激昂。如果用永恒的眼光来看待万事万物，那么只有整体才是伟大的，每一部分都是渺小而转瞬即逝的，既不能鼓舞人心，也不能体现崇高。有时候人确实不能过于远虑，否则会对当下所拥有的一切视而不见。如果我们无所不知，也许就没有欲望了，幸福就会像宁静的沙漠那样空虚。年轻时的热情怎样才不会随着年龄的增长而消失呢？

然而对我们来说，苦难依然是真实而切近的，尤其是对那些拥有最高贵最美好灵魂的人来说更是如此。智慧是珍稀之物，拥有一个导师般的朋友可以让你规避很多痛苦。贤哲们可能会说，透过现象看本质，你会发现祸福是相倚的。你生病了？那很好，因为你正巧在减肥，现在应该可以恢复到最时髦的苗条身材了。你被骄傲的美女拒绝了？你仔细想想，容颜易逝，而傲慢的性格会使她专横跋扈、没完没了地与你争吵。你投资失败了？那就当交学费吧，吃一堑长一智。回首过去，你会发现自己遭遇的很多好事都包裹着一层邪恶的外衣。

在哲学家看来，万事皆如意，因为他们懂得因时而变、随事而制。智慧的人知道祸兮福之所倚，福兮祸之所伏。而愚蠢的人只有消极的情绪，当事事遂心时，他觉得理所当然，从不知感恩。如果有幸运降临于你，要记得每天都回想一下，大声表达感激之情，让喜悦之声萦绕耳旁。想想你自己做了多少坏事，而世界并没有惩罚你；想想你周围的环境是多么宽容，没有利用你的愚蠢或疏忽而摧残你。盘点一下你的缺点和已经得到的东西，看看你是否得到了不公正的回报？也许正如卡莱尔所说："如果原本你是该被绞死和分尸的，那么被枪决算是走运了。"

不要对大自然索求无度，人类的需求和其他的需求之间可能是相互冲突的。我们要牢牢记住，人类只是大自然这个整体中的一部分。人类要求过多，大自然便不会给予；敲门过响，大自然就不愿意为你敞开大门；不潜心探索就会一无所获。不要怨天尤人，因为冥冥中自有定数，而非事事如你所愿。假如你能更全面地看待这个世界，也许你就能像约伯一样意识到维护宇宙的秩序比个人的伤痛重要得多。古老的阿兹特克祭司对每一个新生儿说，"你出生在一个苦难的世界里，只有经历苦难才能收获平安"，你也要这样告诫自己。其实，如果我们不把自己的哀伤四处宣扬，那么过段时间我们自己也忘记了。

辛勤耕作吧，不要把幸福建立在遥不可及或虚幻的基础上。先做好力所能及的事，然后再去做更了不起的事。幸福不是地域性的，如果你不快乐，那么把不好的情绪留在家里，否则旅行也无法让你获得快乐。现代人总是对当下的处境感到不满，总觉得未知的地方更可爱，未知的工作肯定更容易！这其实是浪漫主义的梦想，一旦从中清醒过来，我们就会陷入莫名的痛苦中。悲观主义只是浪漫主义的另一张面孔而已，是幻想之后的清晨。

如果你辛勤耕作，就等着心灵的收获吧。教育不能光指望老师，老师其实是在教育过程的试错中教育自己。你要遵从自己的爱好，勇敢地探索，表达自己，实现自我的完善。幸福并不来自模仿或从众——当然一个聪明人会假装附和，用无比的谦恭隐藏自己的异见。说到底，教育和幸福都是私人的事，必须来自生活，来自我们自身。世上本没有路，路都是人自己走出来的。尚福尔说："幸福来之不易，很难来自我们自身，更不要说来自他处了。"

每个人在不同的年龄段都有独特的爱好。我们要找到和每个年龄段相匹配的快乐方式。游戏是孩提时代的欢乐，爱情是年轻人的美酒，而理解就是上了年纪的人的慰藉。你如果想在每个年龄段都获得满足感，就要像梭伦一样明智，每天学习新东西。

教育不是任务，而是持续一生的幸福，是和伟人的亲密接触，是在高雅和智慧王国的徜徉。年轻时我们以貌取人，年长以后我们会以才取人。在思想的国度里，成千上万名哲学家等待着我们；上百位诗人在那里吟哦；上千名艺术家在那里雕刻、建造、画画；政治家们在那里讲述微言大义；圣人在那里布道；博学的老师在永恒的欢乐谷里教书育人；美丽的女性依旧如此美丽，不会因为变得伟大而失去美貌。人类的祖先为我们留下了如此美好的礼物，理想国正敞开大门欢迎我们去拥抱它。

我们去理想国吧。我们只要净化思想和心灵，这个伟大之地就会欢迎我们，并像古代智者教育年轻人那样，毫不吝啬地把知识传授给我们。当我们摆脱了人性之恶，就学会了崇尚真理，即使真理偏离了我们的欲望，我们也能成为亚里士多德和斯宾诺莎、惠特曼和欧里庇得斯、菲狄亚斯和达·芬奇、尼采和基督的学生。如果我们不能有所进益，将无法立足于这个人才济济的天国。尽管在理想国里，我们无法获得年轻人般鲜活的快乐，却能体会到一种持久高雅的幸福和一种连时间也无法磨灭的深切的喜悦。

让孩子们痛痛快快地玩吧，他们的喧嚣声会装饰生命永恒的乐章。让年轻人尽情地去爱吧，不要对他们过于苛责。在内心深处，我们也在游戏，我们的嘴唇在给予或感受着亲吻。有了理解，我们能体验到各个年龄段的快乐。当孩子们玩累了，年轻人伤心时，我们要张开双臂拥抱他们，让他们和我们一起坐在上帝之城，坐在柏拉图的脚下。

PART 2

第二部分

爱

第六章

生理之爱

爱被赞誉为人类最有趣的经验形式，然而奇怪的是关于爱的起源与发展则很少有人去关注和研究。浩瀚的文学著作用各种语言和文体描写爱，诸如叙事诗、戏剧、小说、激情无限的诗歌等。但很少有人从科学角度客观认真地研究这一奇妙之物，去寻找它的自然之源，去探究它是如何从原生动物的简单融合升华为如但丁之献身、如彼得拉克之激情、如爱洛伊丝对阿伯拉尔的忠诚之爱。

窈窕淑女，君子好逑。爱“可以撼动日月星辰”，可以让每一个灵魂在生命结束之前体验到无与伦比的崇高感。为什么会如此？诗歌告诉我们，爱会从人的心中不断涌出。那么爱永葆青春的秘密源泉是什么？为什么年轻的小伙子看到女孩如云的秀发和善睐的双眸会怦然心动，会因为纤纤玉指触碰了他的手臂而激动不已？是因为女孩的美貌吗？难道不是因为他的爱造就了她的美丽，就如同她的美丽成就了他的爱吗？他为什么会爱上她？

人世间最奇怪的事情莫过于男性在衰老之前总是乐此不疲地追求女性，而女性在行将就木之前也总喜欢被男性追求。人类最持之以恒的行为就是男性时时刻刻都在打量女性。他们假装如往常一样看着报纸，实际上却像狡猾的动物一样盯着他们的猎物。男性的话题总是离不开如何猎艳，脑海里总是不安地萦绕着各种魅力无穷的女性。这是为什么？男性为什么会这样？这种强烈欲望的根源究竟在哪里，又是如何发展到今天这样壮观与疯狂的程度的？

我们尝试着去寻找这些问题的答案，这些问题恋人之间是不会问的。我们将竭尽所能收集这方面的科学知识，看能否绘制出一幅合成图来解释爱的作用和意义。我们将尽力去追溯爱的发展轨迹。

对个体来说，食色，性也。因此，生命作为一个整体就是围绕着营养和繁殖两个焦点转的。营养和繁殖是相辅相成的。有了食物我们才能生存、成熟，才有资格为人父母。繁殖的过程其实就是从我们走下坡路的肉体中分离出新生命的过程，这些新生命会吸收养分、成长壮大，并且很有可能比我们长得更好。

很明显对单细胞生物来说，生长就意味着细胞分裂，这是最低等的繁殖。细胞质生长的速度要比吸收养分的细胞膜生长的速度快得多。为了使细胞质和细胞膜相互均衡，细胞分裂通常是一分为二的。细胞膜会在细胞分裂的过程中不断扩展，从而与细胞质重新匹配。这个解释虽然是理论上的，但细胞分裂是实证。细菌是我们所知的最小的生物体，它依靠无穷无尽、数不胜数的分裂和再分裂进行繁殖。变形虫的细胞质或细胞核会经由一个奇怪的分裂过程形成两个细胞质或细胞核，然后整个微生物分成两个新的变形虫。这也是一种亲子关系，但是没有性别之分，与爱无关。

生物体这种一分为二的繁殖方式是大自然延续生命的精华所在，在智人中也有这种现象。尽管智人将这种繁殖方式进一步复杂化了，但并没有完全脱离这种方式。一分为二的繁殖方式在原生动物（或单细胞动物）中非常普遍，出芽繁殖只是它的变异而已。幼年水螅从成年水螅的肢节端出芽生成，通过吸收母体的体液不断生长，等到发育成熟以后，就会与母体激烈地争夺食物。最后它从母体脱离出来，寻找新的基底附着物，形成自己的组织。

有时候，原生动物分裂出来的细胞，如团藻，还是会植入胶状的母体内，形成一块“殖民地”。然后一种令人惊叹的功能分化产生了：外部细胞主要负责吸收营养，内部细胞主要负责繁殖。这块“殖民地”变成了一个社会有机组织，各组成部分相互依赖相互合作。这一全景生命的初始阶段为我们提供了“生殖细胞分离”的样本，魏斯曼的人类遗传学说便是以此为依据的。

尽管细胞分裂很普遍，但生命远远不止步于此。经过许多代之后，当原生动物的反复分裂似乎已经无法为新生命提供能量之后，时机来临了。在这个关节点上，一种新的自然现象出现了。同类的两个衰弱的原生动物结合起来，把自己的一部分原生质液注入彼此的细胞核中。当它们再分开时，这种“回春式的结合”似乎使它们变得异常强壮。因为它们很快带着原始活力开始细胞分裂，这使得生命又延续了若干代。这种现象不仅发生在原生动物中，也发生在我们人类自身和群体中，比如男性结婚后会变得坚强，民族融合后会万象更新。

毋庸置疑，这种简单结合非常重要，但是它与两个不同个体的交配不一样，那种交配是爱情之花的根基所在。低等生物中会不会出现相似的情况？我们发现实球藻的情况有点儿类似，这是一种十六个细胞的原生动物群。当实球藻细胞分裂时，它并不分裂为两个独立的细胞，而是分裂为许多微小而相似的孢子，两个孢子结合起来产生了一种新的微生物。我们在另一种原生动物群——空球藻身上也发现了这种现象。每个空球藻的细胞会分裂成异种的孢子，有的大而稳定，有的小却活跃，当小孢子融入大孢子后，就形成一种新的微生物。大自然在空球藻身上发现了性别差异。

然而，大自然的繁殖方式一度徘徊不前。在团藻身上，我们发现了新旧繁殖方式的交替出现。第一代集群细胞通过传统分裂方式繁殖，但是由此产生的第二代细胞则像空球藻一样分裂成不同的孢子，两个不同的孢子结合起来形成第三代细胞。新事物只有潜移默化地融入旧事物才能得以确立——这个道理年轻人只会在青春逝去时才懂。

在更复杂点儿的生物体中，身体有专门的部分负责孢子的生产，就如同植物的雌蕊和雄蕊一样。两种孢子本身是高度分化的，在生命发展的后期阶段，它们变成了卵子和精子。但在很多物种中，这两个产于同一母体的成分是静止的。例如，蚯蚓的某个肢节会产出卵细胞，而另一个肢节在另一个季节则产出精子。牡蛎及软体动物、部分被囊类动物、鲈鱼甚至是古老而珍贵的鲱鱼都是这样的。大自然曾经在区分生殖要素时有过徘徊；在区分生物体的雌雄时，大自然又一次踟蹰不前了。

目前已知的雌雄分化的最简单形式出现在一种鸟类体内的寄生虫身上。我们发现雌性的生物往往体积大一点儿，可以产生卵细胞；而一个小得多的生物会永久地依附在这个雌性生物旁，由于其体积小，所以无法体现出与人类社会一样的男性支配地位。这个由精子产生的生物体就像寄生虫一样依附于一个较大的寄主，又有点儿像这个生物体的器官，所以人们很难想到它就是雌性的丈夫。

我们还可以考察一下海生蠕虫后螠虫，雌性的后螠虫长约半英尺[1]，直径很大；雄性的后螠虫就像一个可怜的小斑点，只有十六分之一英寸[2]长，是它“妻子”的百分之一。每个雌性后螠虫大约能接纳二十个“配偶”，雄性后螠虫通过消化道进入雌性后螠虫的体内，在那里与卵细胞会合并使其受精。在昆虫里，雌性也总是比雄性体积大而强壮。雌蝴蝶是雄蝴蝶长度的十五倍、体重的十倍。某些昆虫类的雄性非常小，和雌性在一起就像一只蚂蚁在一个桃子上爬行。[3]只有鸟类和哺乳动物的雄性是占优势的，这种优势主要归功于一个事实，即雌性在承担了大部分的繁殖任务后，在爱情的永恒战争中具有生理上的弱势。

年轻时期的这种性别从属关系，会以雄性在受精行为中做出的实际牺牲达到顶点。很多物种的雌性会在结合后马上吃掉雄性。伊庇鲁斯雄蜘蛛为了自身的安全，起初是与雌蜘蛛分开居住的。等它感到躁动不安时，它会像胆小的但丁接近贝亚特丽斯一样，爬到雌蜘蛛网的边缘，先仔细地编织一个出口，留好退路，然后再胆战心惊地前进。然而通常情况下，雌蜘蛛马上就把它一口吃了，这个可怜的家伙甚至还未来得及体会爱情的甜美。当然，有可能雌蜘蛛将它当成了入侵者，也可能雌蜘蛛比较现实，它觉得果腹比爱情重要。如果雌蜘蛛处于恋爱状态，会表现得很谦逊。尽管它比雄蜘蛛身强力壮，但当雄蜘蛛兴奋地追逐它时，它会羞怯地退缩着，从一

---

1. 1英尺=30.48厘米。——编者注
2. 1英寸=2.54厘米。——编者注
3. 雷·德·古尔蒙：《爱的自然哲学》，纽约，1922年。

根丝上滑下来，再爬上另外一根丝，最后甘愿被俘，让雄蜘蛛感到主宰一切的虚幻的快乐。在那一刻，它们之间充满了柔情蜜意，互相用触须轻抚对方，微妙地表白心意。然而交配一结束，雌蜘蛛就对爱情表现出犬儒主义，迫不及待地跳到雄蜘蛛身上把它吞噬了。有时候，交配还没完成，雌蜘蛛就已经开吃了。偶尔，雄蜘蛛也能警惕地从雌蜘蛛嘴下死里逃生，从它预留好的救命丝上滑下来，之后它就像哲人一样深居简出，直到再次躁动不安。

法布尔说，雌螳螂食欲旺盛，吃起自己的爱慕者来非常穷凶极恶。其他雌性昆虫在受孕后就会拒绝雄性，但是雌螳螂可以同时接纳二至七个配偶，接受它们的殷勤求欢，然后优哉游哉地把它们一个个吃掉。很多情况下，雌螳螂会迫不及待地想要进餐，因此当雄螳螂还在全神贯注地播种时，雌螳螂就转过头去吃掉雄螳螂的前半部分。普氏雷讲了一种情况，即使当雄螳螂一出现就被雌螳螂咬下了头，它仍然可以若无其事地继续完成播种任务，因为对它来说脑袋对爱情毫无用处。雅克·洛布曾经切开一只钩虾的腹部，当时这只雄性甲壳动物正在交配，却丝毫不受影响，显然它所有的感觉能力都集中在交配上了。洛布说："事实上，如果我没记错的话，这些没有腹部的雄虾一旦被扯离雌虾，会马上去抱住别的雌虾。"[1]

鉴于雄性在最低等生物中的从属地位，有人怀疑像蚯蚓这样的雌雄同体生物是否代表了大自然晚期的分化。性别产生的必要条件是某些生物体内的变异，这些生物虽脱胎于双性生物，但其本身是单性的，即这种生物只能产生一种生殖元素。

---

1. 雅克·洛布：《大脑比较生理学》，第231页，纽约，1900年。

是什么促使生物体的这种变异有益于大自然的进化呢？生命区分出雌雄有什么用呢？无论是大自然还是实验室都在质疑，雄性对雌性来说是否是不可或缺的。因为很多情况下，即使在那些已经实现两性区分的物种中，雌性仍然可以在没有雄性的帮助下完成繁殖。小蚜虫的雌性和雄性通常在秋天交配，然后雌性蚜虫会产下一个大冬卵，这个卵会一直存活到春天，而彼时其他蚜虫都已经死了。到了春天，这个冬卵就会孵化成没有翅膀的雌性蚜虫，直到夏末，所有这些雌性蚜虫都在承担着孕育后代的全部工作，而雄性蚜虫却不曾露面。然后突然之间，雄性蚜虫出现在幼虫里，其中一些已经成熟，它们会使雌性蚜虫受孕生下大的冬卵。如此循环往复。

特朗布雷认为，这种单性生殖（确切地说是无性生殖）是由于秋季交配的雌性蚜虫将它们体内存贮的部分受精卵传递给了未交配的后代。当然这个说法还未经证实。但是这种摒弃雄性进行繁殖的实际可能性已经被很多实验室验证。雅克·洛布证明，只要把未受精的海胆和海星的卵与酒精、醚、氯仿、士的宁、糖、盐、醋或碱等放在一起，这些卵就可以发育成熟。所谓不可或缺的雄性居然可以被如此之多的东西替代！

显然，雄性在大自然中的出现并不是因为受精的需要。那是为了什么？很可能因为异花（杂交）受精的需要。性别的区分使得两种截然不同的血统的遗传特性和能力有可能在后代中混合起来。这种双重遗传的优势是很明显的，我们可以为了发展的需要而做出特定的选择，这是自体授精做不到的。事实也确实如此。花是植物的生殖器官，其构造让花粉进入同一朵花的雌蕊变得不太可能。即使像蜗牛这种雌雄同体的生物，它的身体结构也不允许自体受精。这就是大自然的运行方式。到了人类社会，社会和精神因素的共同作用阻止了兄弟姐妹之间的交配，而一些严格的禁忌甚至阻止同一部落内部通婚。大自然的杂交受精使得两性区分成为可能，而这一进化的最高形式就是近亲结婚的禁忌和异族通婚的约定俗成。

两性分化之后，随之而来的问题是如何确保两性之间通过生殖要素的融合进行合作。在这方面，大自然的挥霍非常惊人。最明显的是那些开花的植物：成千上万种花依靠风把授精的种子从一株植物传给另一株植物。花粉弥漫在空气中，花粉颗粒形成了花的芳香。不计其数的花粉颗粒在两株相距不过五码[1]远的荨麻之间搭起了桥梁。雌鲟鱼体内有三百万颗卵细胞（九百磅[2]），足够做六千个鱼子三明治。鲱鱼的繁殖过程损耗更大，成百上千条雌鲱鱼和雄鲱鱼亲密地聚在一起，产生一种鲱鱼冻；大量的卵细胞和精子被抛入水里，漂白了海水。然后渔夫来了，他们抓起这些成群结队、粗心大意的“情侣”，张开渔网将它们网住。而与此同时，一些卵细胞正在受精。粗心的本质使得鲱鱼对个体的生命根本不屑一顾，它们只是在用物种得以延续来安慰自己。

我们人类的幸存同样依靠充沛的原材料，只不过较为隐蔽。一位普通女性能产生七万二千颗卵细胞，一位普通男性可以产生数以亿计的精子，其中只有一部分（现代社会只有一两颗）被用来繁衍后代。博尔绪认为原材料的充足不仅仅是出于损耗的需要，也是为大自然的优胜劣汰提供原材料。但是也有人怀疑博尔绪教授的说法是不是高估了大自然，可能大自然没有他说的那么聪明。毫无疑问，我们倚仗资源丰富而大肆挥霍的愚蠢是从伟大的自然母亲那里继承来的。

---

1. 1码≈0.91米。——编者注
2. 1磅≈0.45千克。——编者注

高等动物修正了这种损耗，一部分是因为这些动物的身体中出现了专门引导卵细胞与精子结合的结构，一部分是因为亲代养育的发展。海星会用手臂呵护自己的受精卵和刚孵化出的幼儿。雄棘鱼会把雌棘鱼带到自己挖的坑里产卵，雌棘鱼离开后，雄棘鱼就会像现代丈夫一样亲自照料自己的宝宝。母海马会把卵产在公海马身上的育儿袋中，然后公海马会一直照顾这些卵，直到孵出小海马为止。成千上万的鱼都会在产卵后分开，每对配偶年均产卵一百多万。在两百种有亲代养育现象的物种中，每对配偶年均产卵只有五十六个；那些筑起简单巢穴的动物，每对配偶年均产卵八个；那些筑起精致巢穴的，每对配偶年均产卵五个。[1] 所以随着时间的推移，父母之爱逐渐取代和补偿了大自然的损耗。哺乳动物从名称上看就意味着母亲的养育，每对配偶年均生产三个幼崽。物种越高级，年均生产数越低。家庭慢慢变成一个外部子宫，更长久地养育着后代。随着人类青春期的延长，很大程度上依赖于教育的文明水平上升到前所未有的高度。

从生物快速进化的观点看，爱情又是怎么回事呢？柏拉图时代的阿里斯托芬在他的喜剧中幽默地回答道："过去两性是一体的，但是因为人类的邪恶，上帝就把人类一切为二，就像山梨苹果被一切为二用来腌制一样，或者就像用头发丝把鸡蛋一分为二一样……"后来才有了雌性生物和雄性生物的分化，但现在分化后的每一部分都感觉自己只是一半，它们期盼着合璧。

但是，这个关于"什么是爱"的答案具有某种神秘性，因为它假设最低等的原生动物孢子也有高度的哲学意识。也许当男性功能第一次在独立

1. 萨瑟兰：《道德本能的起源与发展》，第 1 卷，第 4、第 5 页，伦敦，1898 年。

的生物体上专门展现出来时，这些原始男性还很少去寻求或发现自己那更好的“另一半”，而只有那些找到了“另一半”的人才能为人父母。因此，每一代人中只有那些相爱的人才能通过与另一半的互补融合实现个体的完整性，这些人把寻求结合的热情注入生命之源。而那些没有感到或只是略微感到这种奇妙需求（结合的需求）的人，往往终其一生都没有后代或者人丁单薄，会逐渐被淘汰。因此，每一代人寻找另一半的强烈渴望与日俱增，并成为主宰生活的激情，其强烈程度超过了死亡。死亡通常会被耐心地假设为生命替代的延续。也许，仅仅是也许，这就是爱情来临的路径。

第七章

爱的生理学基础

上文我们循着生命的进化过程讨论了爱的演变，现在我们要观察一下爱在个体身上的发展。亚里士多德说，你如果想了解一个事物，就要去观察它的来龙去脉。

人类在孩提时的某些行为是不是与后来对爱情的热衷相呼应呢？弗洛伊德非常自信地给出肯定回答，他构建了令人惊叹的精神病学城堡，指出孩提时吮吸手指和喂奶行为都带有性欲的成分。但是如果撇开这个理论，那么这些行为都是微不足道的。沃森和他的助手们在一段时间内观察了几百个婴儿，但是没有发现任何性行为。[1]

但很快孩子就会有性别意识，开始对生理结构好奇，并且大人越是遮遮掩掩孩子们就越好奇。异性之间产生了神秘感，那是一种害羞与吸引相交织的感觉。但是这种感觉基本上不会进一步发展，因为青春期之前的爱

---

1. 约翰·沃森：《行为主义》，第 262 页，纽约，1914 年.

恋往往是“俄狄浦斯情结”式的，就像男孩之于母亲的依恋，女孩之于父亲的依赖。弗洛伊德并不把这看作可怕的事，这事本身也不复杂，因为它不是无意识的，也不是一种变态，它只是大自然为孩子将来去恋爱做准备的方式而已。如果关系反过来，即男孩对父亲、女孩对母亲产生了依恋感，那么精神病学家就有理由担心了。

恋爱的号角在青春期第一次吹响。青春期其实就意味着毛发增长期的到来——男性开始进入蓬勃的发育期，特别是胸毛的出现让男性产生野性的自豪感，他像西绪福斯一样耐心，一次次地修剪自己脸上和下巴上的胡子。（在其他条件不变的情况下）毛发的质量和数量似乎会随着生育能力的周期循环而起伏变化。毛发质量最好、数量最多的时候也是生命力最旺盛的时候。突然冒起的喉结和随之而来的变声是青春期来临的“第二性特征”。大自然为发育中的女孩带来了吸引眼球的曼妙曲线，带来了适宜生育的宽大骨盆和可以哺育孩子的丰满乳房。

这些第二性特征是由什么引起的？无人知晓。但是斯塔林教授的理论认为，当青春期来临时，生殖细胞不仅产生卵细胞和精子，还产生一定的激素，激素进入血液后会引起生理和心理的变化。因此，不仅身体被赋予了新能力，思想和性格也深受影响。罗曼·罗兰说：“人的生命中总有些时期会发生无声的器质性变化。”无论男女，第二性特征的产生是一种最重要的器质性变化。

全新的感觉撞击着人的身心。好奇驱使思想前进，而稳重又阻止了前进的步伐。青年男子在异性面前表现得进退维谷，女孩也学会了脸红。懵懂的孩子们突然变聪明了，温顺的他们开始没道理地叛逆。他们开始学会内心自省，那是一种奇怪的俄罗斯式的沉思与遐想。青春期是想象之花盛开的时期，也是诗歌兴盛的时期，但凡有点儿文学修养的人都想成为作家，都梦想着留下不朽的名声。青年人的思考力在快速增强，理性促使他们对宇宙产生新的质疑。一个人若能持之以恒地保持理性，那么他有可能成为科学家或哲学家；如果他很快抛弃了理性，那么他有可能成为一名成功人士，升到很高的职位。

正是在青春期，爱的泛滥浇筑了艺术和社会奉献的根基。爱想象着美，寻找着美，也创造着美。爱想象着善，寻找着善，并坚定地创造着善。宗教如果在现代呈现为神学的教条，就会引发年轻人激烈的争论，遭到肢解；而如果表现为对善的追求，那么正好触及年轻人变化未定的灵魂所追求的理想主义，并成为他们人格中根深蒂固的一部分。

总而言之，青春期是我们生命中一段非凡的时期，是理性的时期，也是感性的时期。思想和心灵的新收获影响着生活的方方面面，这既是一场思想的洗礼，也是一份爱的财富。在这些经历蜕变的岁月里，世界从未像现在这般陌生又美丽，如此匪夷所思又尽在掌握之中。每个人都会在以后的人生岁月里向往这一时期。这是力量萌动的春天，是万物生长的播种期，是一切高尚情操获得滋养的时期。这是生命的文艺复兴。

然而，又是什么样的微妙力量使得年轻的小伙子让女孩感到害怕，想要急切地逃走呢？我们的肉体深处隐藏了什么样的神秘力量，创造出我们最美丽的生命之花——男性对女性之爱呢？人体的生殖细胞生机勃勃，不断蓬勃发展，似乎竭尽全力想要包容这份新的财富。爱的生物性来源是人类合体本能的自然选择和发展，其生理基础在个体上就表现为生殖要素的积累。整个机体都会因生长受阻，因生命无休止的膨胀而感到兴奋不安，内心充满了甜蜜而又沉重的悲伤，仿佛知道自身还不完整，所以渴望得到完整。

年轻人发现，兴奋不安的状态会让自己对过去无动于衷的事物非常敏感。某些声音也变得颇具诱惑力：歌声和音乐超乎寻常地吸引人；嗓音（也许导源于低等生物的求偶声）也变得前所未有地温柔，爱人会觉得非常悦耳。某些气味也充满了吸引力：正在发育的美妙身体散发出甜美的气味，洁净而芬芳，还有那催情的香水——所有这些都成为爱的迷药。某些动作也变得充满魅力：舞蹈的节奏和气场，运动员的摇摆和自信，女孩的大方和开朗。不仅如此，某些景象也变得引人入胜：爱的季节里色彩纷呈，红色是对占有的挑战；年轻人在相亲时打扮得光彩照人，就像鸟类和兽类骚动不安地梳理着求偶的羽衣和冠毛一样；原始人用颜料涂脸以吸引眼球；衣服不再仅仅是实用的，而是一种装饰、暗示和兴奋剂；勇气和力量让温柔的心产生悸动，柔和的脸庞令人向往。这些全新的体验——气味、声音、触觉和视觉，香水、歌曲、舞蹈和多样化的展示——充满年轻人的生活和思想，成为不可抗拒的爱情的刺激。

当突然间所有的刺激聚集起来、所有的条件同时具备时，人类的需要就会通过身心的饥渴表达出来。爱情应运而生，爱就像清晨天空中透出的第一道阳光，爬上人们的心头，让人们的心灵充满温暖和喜悦。伟大的卢克莱修吟唱道：

噢，维纳斯，你是万物本性的唯一主宰；没有你，万事万物都无法上升到生命的神圣王国，世间将不再有美好与愉悦。你穿越万水千山，经过那奔腾的河流，越过那树叶间的鸟巢和蜿蜒的草原，用慈爱打动所有的胸膛，驱使万物带着灼热的欲望追逐同类、延续种族。一旦春回大地，野兽们就会成群结队地越过快乐的牧场，蹚过湍急的溪流，一个个折服于你的魅力，深深地爱上你。[1]

1. 卢克莱修:《物性论》，芒罗译，第二册。

第八章

爱的精神发展

爱情若建立在健康、自然的生理状态之上，就会带来精神和诗歌的发展。人类延续生命的热情带来了配偶之间的忠诚，肉体的渴望带来了灵魂的互相奉献，山洞里原始人类的欲望最终演变为诗人笔下的爱慕。这就是人类爱情的全部。

原始人似乎不懂爱情，没有为爱情留下只言片语。他们结婚不是为了浪漫而是为了繁衍后代和一日三餐。卢伯克（一位倾心于异国风情的人类学家）说："在约鲁巴，当地人对婚姻的庆祝仪式漠不关心，对男人来说，娶个老婆就和割玉米穗一样微不足道——更不用谈感情了。"[1]

尼采认为"浪漫的爱情"是普罗旺斯行吟诗人的发明。但毫无疑问的是，随着文明的出现，人类从生殖冲动中发展出某种精神的东西。希腊人虽注重肉欲，但也懂得浪漫。《一千零一夜》中的故事说明爱情并非在中

---

1. 约翰·卢伯克（埃夫伯里勋爵）：《文明的起源》，第 51 页，伦敦，1870 年。

世纪的歌声中才出现。但是中世纪教会对纯洁的崇尚为女性抹上了一层只可远观不可亵玩的魅力，这推动了爱情诗的成熟。伟大的犬儒主义者拉罗什富科说："爱情直抵人心，人心赋予被爱者以生命力。"缪塞说："男人会欺骗、背叛、泄密、伪善和傲慢无礼；女人都很做作虚伪、不诚实……但是这不完美的两者结合起来却是人世间一件神圣而庄严的事。"尼采也暂且停下对中世纪基督教的批判，表达了对爱情的敬意："我听过的最纯洁的话是，真爱是用灵魂拥抱肉体。"

我们该如何解释从生理的欲望到浪漫的爱情这一转变呢？是什么让肉体的饥渴变成了花前月下的温柔，让身体的躁动不安化成了内心的柔情似水？难道是因为文明的进化延缓了人类的交配年龄，使肉体产生了一种得不到满足的渴望，进而内化为脑海里的想象，为心仪的对象披上一层未实现的欲望的理想色彩？很多东西正因为求而不得才显得弥足珍贵。正如我们所见，物体的美在于欲望的力量，欲望一旦得到满足就会减弱，一旦不能得偿所愿就会变得更为强烈。在文明的成熟期和个体的青春期，爱主要是精神层面的。因为在这两个时期，人类的压抑程度达到了顶峰，肉体的欲望被约束成了诗情画意。

无论如何，我们还得考量一下爱情的心理发展过程。爱情通常起源于女孩对父亲、男孩对母亲的依恋，然后变成对同龄人热烈的感情投入。孩子爱上异性老师是非常普遍的现象。歌德写过一个经典的故事，讲述他被仰慕的女性称为"孩子"而伤透了心的事。浪漫主义的辞藻淋漓尽致地描述着那些转瞬即逝的爱情，想象力随着身体的成长不断被激发，为所有适合的对象抹上幻想的色彩，构想着某一天梦想成真的美好画面。歌德说：

“青春期的初恋都是纯精神层面的。”[1]

很快人们就会体验到若即若离的爱情的感觉，我们称为初生牛犊之爱——我们无意冒犯那种优雅动物的平静之美。这种爱通常是秘密的、人们不愿承认的，即使送出的小礼物也往往是匿名的。这个阶段的女孩要比男孩胆大，尽管随着女孩长大且更有意识之后，她们从外表上看不再那么勇敢，但在爱的艺术方面她们始终技高一筹。男孩似乎容易受人摆布，而女孩更有主见并掌控一切。男孩有时会故意回避心仪的女孩，他会因为在心爱的人面前说过或做过的尴尬事而日有所思，夜不成寐。而那些被母爱保护过度的年轻人，情感上的敏感变为他的羁绊，使其一生都保持独身。另一些小伙子则很有表现欲，当他们的梦中情人出现时，他们会不顾一切拜倒在她的石榴裙下。年轻人在运动场上再现了雄性为得到雌性的血腥斗争，并期待通过成年后的经济竞争捕获窈窕淑女的芳心，得到她赞许的微笑。所以爱让世界转动起来。

从早期的这些表现看，紧随着青春期的结束接踵而至的是爱情的不同阶段，有的虽然短暂但可能很正常，有的虽然很长久却不太正常。性变态其实是一种返祖现象——一些古代的行为方式起初是正常而实用的，后来有了改进，乃至改进过度。人类在懵懵懂懂中不断向前发展，如同但丁穿过地狱一样，体验着行为方式的持续演变，不断被烙下深深的印记，然后逐步转向成人的正常的爱情。

求爱时节是人一生中最美好的时刻。虽然求爱一定要等到成熟方可，但其实我们孩提时一半的游戏都是爱的游戏，即使是一个五岁的女孩都懂

1. 歌德:《真相与小说》，第 178 页，纽约，1902 年。

得调情的技巧。求爱的目的是使爱更加完整，在充足的时间里挑选最好的，逐步提高生活质量。在成年人的世界里，求爱通常是由男性带着渴求主动提出的，而女性则表现为既受到诱惑又有点儿退缩。不过到处都有例外：在新几内亚是女孩追求男孩，并赠送他们大量的礼物。但是美国没有这种可贵的风俗。当然我们有时也能看到安妮主动追求和诱惑坦纳，那是在萧伯纳的戏剧里。一般来说，男性总是扮演着积极主动、敢于挑战的角色，因为他们天生就是战斗者，具有野兽的猎食性；而女性对男性来说只是征服和占有的战利品。求爱意味着战斗，交配实质上就是掌控。

斯坦利·霍尔说："一些雄蚱蜢非常好战，可以和小公鸡相匹敌。许多雄鱼在繁殖季节会为了争夺产卵的场地而战斗至死。成年雄鲑鱼的牙齿会变得非常锋利，而雌鲑鱼的牙齿并不如此。春天里雄蜥蜴每逢相遇必然打架。大部分雄鸟在春天变得非常好战，会用嘴和爪子打架，还会用翅膀和腿合力加速前进。所以春天既是战斗的季节，也是爱的季节。"[1] 对男性来说，这种战斗就是商业的竞争和自我显摆。我们用银行的存折而不是用牙齿来打架，我们的利爪都掩盖在商业礼仪之下。

聪明的女性能随时应战且谨言慎行。谨慎是一种战略性的退却，起初是因为害怕和洁癖，后来就往温柔、敏感的方向发展了。这不是人类特有的现象，动物中也有明显类似的情况。雌性动物通常不愿意在非交配季节或以出格的方式进行交配。博马舍说，男性和动物的区别在于，他们不是因为渴了才喝水，而是每时每刻都想做爱。在文明的民族里，谨慎是爱情精神发展的最好表现之一，会变成一种独特的气质，有时可以克服灵魂深

---

1. 斯坦利·霍尔：《青春期》第 2 卷，第 368 页，纽约，1905 年。

处的冲动。在古代的迈尔西亚，明智的立法者为了阻止女性自杀，明文规定自杀女性的尸体将被裸尸街头。[1]

威廉·詹姆斯认为，谨慎不是天生的，而是后天习得的。当女性发现大大咧咧会被鄙视时，她们就会把这种观点灌输给自己的女儿。狄德罗进一步分析了这种现象，将其原因追溯为丈夫的嫉妒心理，因为丈夫对妻子的拥有权使他们强制要求妻子谨言慎行。在许多部落里，只有结了婚的女性才能穿衣服，她们的丈夫（比企鹅岛的创立者要明智）认为这样有助于他们保护私有财产。而当流行的婚姻模式从俘获转变为购买之后，父母发现没有性经验的女儿行情更好，于是自然而然就鼓励女儿要循规蹈矩。

基于各种缘由，谨慎成为女性最微妙的魅力之一。男性一般都不喜欢放纵的女性，当然乍看之下可能会被吸引一下。对女性来说，不炫耀、不挥霍才是狩猎的最好武器。深奥的解剖学原理表明，在大街上我们可能会被表象吸引，但我们内心的取向是不会动摇的。年轻的男士会被低眉顺眼的女性吸引，因为他的直觉告诉他这种优雅含蓄意味着温柔，而温柔是女性最重要的品质。女性的谨言慎行带来的边际效益就是激发男性的能力和勇气，激励他们做出一番事业，挖掘出他们掩盖在平庸之下的潜能。男性的建设性成就，就像鸟类光鲜亮丽的羽毛一样，谁知道究竟在多大程度上是为了性的竞争和炫耀呢？

且让魅力顺其自然地发展吧。爱情最终是在亲子关系中达到自我完善的，孩子会让人放弃所有的欲念。也许根本就没有所谓的繁衍后代的本能，只有交配和亲代养育的本能。大自然委婉含蓄地保护着这一本能，人类只

1. 埃利斯：《性心理学研究》，第 1 卷，第 24 页，费城，1910—1911 年。

是大自然享受最大乐趣的一个副产品。没有什么比大自然让萝卜自然繁殖这种方式更荒谬了：去医院里听听分娩女性的尖叫和新生儿的哭声吧。不过大自然是很狡黠的，她用陶醉的狂喜安抚母亲，用盲目的骄傲慰藉父亲，然后让他们心甘情愿地付出巨大的代价，来驳斥那些认为人类的延续是不必要的观点。

随着婴儿的出生，父母之间的爱也焕然一新，但显然不是以前那样激情四射了。事实上，孩子出生以后，日子变得非常繁忙，男女间的激情逐渐消减并稳定下来。孩子也会从父母身上汲取那水乳交融的爱。母亲往往会全身心投在孩子身上而忽视了父亲。如果生的是女儿，父亲则会把对妻子的爱转移到女儿身上。但随着孩子的长大，这些外在的干扰会逐渐失去魅力，夫妻间的亲密关系会重新得到巩固。

正是在这个阶段，婚姻中的两个灵魂终于完美地结合在一起。在那些为人父母的岁月里，我们必须共同经历多少磨难、多少命运沧桑和身心折磨！疾病使浮躁的幻想变得深刻而现实，爱在死亡逼近的时候获得了新生。我们一起制订计划，携手并进共同努力，既追求成功也分享孤独。意气相投的两颗心结合成精神的伴侣，不仅性格交融，连面貌也变得相似。我们一起凝视着摇篮中的婴儿，看着他们成长，最后不情愿地看着他们恋爱，这就是两个人合为一体的过程。

当两人只能静静地回忆家里曾经回荡着的孩子们的欢笑声时，聊以慰藉的是爱情似乎重新回到了这对儿多年的忠实伴侣之间。而此时的爱情在温暖地抚慰着岁月的孤独和死亡的临近中得以圆满。那些把爱等同于欲望的人，其实只是了解了爱的起源和皮毛。当爱的物质因素全部灰飞烟灭时，留下的才是爱的灵魂。随着两颗年老的心的重新契合，身体的欲望在精神的绽放中得到满足。

这就是爱的轮回。让我们重温一遍爱：在微生物的细胞融合中，在野兽的暴力激情中，在野蛮人的粗俗欲望中，在年轻人温柔忧郁的眼睛里，在勃朗宁夫人的十四行诗或弗朗西斯卡的故事里，在一对老夫妇因为子孙齐聚庆祝他们半个世纪的爱情而幸福得发抖中，我们都可以瞥见爱的影子。从起初的吸引到谱写爱的诗歌再到一辈子的忠诚，还有比这更美好的转变吗？我们不由得想起桑塔亚纳那段深刻的话：“一切理想都源于自然，一切自然都朝理想发展。”爱也不必为它的起源感到羞愧，欲望若没有积蓄到心甘情愿奉献的地步，就必须加以克制。

爱的哲学家柏拉图说：“触摸不到的爱情，犹如在黑暗中行走。”[1]拉普拉斯临终时，他的朋友们试图用他的伟大发现和著作等身来安慰他，结果遭到他的指责，他悲伤地告诉他们，这些名和利在生活中都是无足轻重的。他们问：“那什么是重要的呢？”老科学家挣扎着最后一口气说：“爱！”

所有的事物最终都会消亡，只有爱能幸免于难。爱可以越过坟墓，弥补死亡造成的代际鸿沟。尽管爱的幻灭让人痛苦不堪，但从全人类的角度看，爱可以长久到天荒地老。它挽救了我们人类的一部分，使其万古长青，让我们的生命在孩子的青春活力中得以重现。富有令人意志消沉，智慧让人变得冷漠，只有爱会用不可言说的慰藉温暖我们的心灵。而爱总是付出的多，收获的少。一切皆为浮云，且让我们珍惜爱吧。

1.《柏拉图文集·会饮篇》，乔伊特译，第 197 页，杰斐逊出版社，纽约，无出版日期。

PART 3

第三部分

男性和女性

第九章

爱的战争

高尔基和契诃夫在克里米亚散步时，遇到了托尔斯泰，他正坐在沙滩上低头沉思，胡须扫过沙子。高尔基和契诃夫蹲在他身边开始谈论女人。托尔斯泰一直静静地听着，突然说："我只会在一只脚踏进坟墓时才会说出关于女人的真话。我一说出真话，就会跳进棺材，拉上盖板，然后说'现在想对我干什么就干什么吧'"。[1]凯泽林伯爵邀请萧伯纳写一篇文章评论《婚姻之书》，萧伯纳拒绝道："没有男人敢在他妻子活着的时候道出婚姻的真相。"当然，我们这里讨论的仅限于一般和传统类型，那种少数的现代式解放类型我们留待下一章考察。

以爱为主题的文学作品是这个世界上最有意思也是最不可信的东西。之所以有意思，是因为这些作品除了讨论人类的缺陷和恶习之外，直接关涉我们自身；之所以不可信是因为这些作品通常是自传体，而所有的自传

1. 高尔基：《托尔斯泰回忆录》，第 65 页，纽约，1920 年。

其实都是小说。文学作品常常是被击败的战士的复仇之声。当男性书写女性时，实际上是他受伤的心灵在说话（并且不是仅仅几个章节就能说得完的）。倘若男士赢得了女士的芳心，他（如果是位绅士的话）通常会以婚姻作为胜利的巨大代价。结婚之后，他会明智地保持缄默，因为婚姻生活中只能一个人说了算。假如男士未能成功俘获女士的芳心，那他就要写书了。比起叔本华、尼采、魏宁格和其他被抛弃的男性所写的关于异性的文章来，更为有趣的是女性对男性的中肯分析。因为相比那些犹豫不决的聪明的男性，女性更擅长理解和把握人性。但是女性很聪明，不愿意在字里行间暴露真心。因为她们已经实现了约伯的希望，即让敌人写出书来，所以她们心满意足了。

关于这个话题，一般人总是持片面的观点，因为他们只能内在地了解两性中的一个，甚至只是了解其中的一小部分而已，并且了解的这部分未必是真实的。而且在战争中保持中立的观点是很难的。因此，这一领域的科学研究非常薄弱，并未取得长足发展，无论是桑代克教授细小偶然的观察发现，还是有关智力测验的辛勤记录，都只是这个科学研究分支的试验性支撑而已。人类的研究最终都可归结为男性视角的研究，科学最终都可归于心理学，而研究的主题始终是女性。

对于这个话题，我们无论如何都要尽可能地谨慎。我们可以把人性人为地简单划分为许多基础的本能，我们要考虑的是在不同的情况下，女性和男性在思维与性格上有多大的区别。我们认为（得益于行动主义者的启示）人天生就有某些基本的倾向、反应和情感，叔本华等哲学家和心理学家称其为本能。我们将根据这些遗传倾向对个体、群体和类的不同推动作用调整马歇尔教授的分类法。[1]因为有些本能，如猎食、战斗、成群迁徙、游戏等是为了保存个体；另一些本能，如群居、渴望被认同是为了保存群体；还有一些本能，如交配和亲子养育则是为了类的延续。这些说法当然存在一定的问题，但是我们没必要进行技术论战，因为这些问题对我们讨论的主题来说无伤大雅。[2]我们只需要讨论男性和女性的这些本能在种类和级别上有无区别。我们将从类的或生殖的本能开始讨论，因为就我们当下的讨论目标而言，这些本能是最重要的。正是这些本能的不同运作方式，使得身体、性格和思想方面的性别差异以多样化的方式被呈现出来。

雌性在动物世界中所占据的支配地位令男性非常震惊，因为这种支配地位不仅体现在身体的大小上（这是我们已经目睹的），也体现在雌性作为一个类的直接传承者的生物性优势上。在生命繁衍的低级阶段，主要是细胞的分化，并没有性别的区分。人类的生殖过程主要发生在女性身上，她们像变形虫一样通过细胞分裂进行繁殖。男性的作用是随机的、表面的，而不是不可或缺的。自然界和实验室相互印证了男性的终极过剩。现实残酷地表明，在物种中女性才是第一位的、基本的，男性是次要的、辅助性的。男性的功能到了后期才专门化和具体化，在此之前这些功能并不需要男性来完成。在繁殖这场所有生命都卷入其中的伟大戏剧里，男性扮演了一个渺小而几乎多余的角色。在生命诞生的紧要关头，男性只能怯懦无助地站在一边，并最终意识到自己在类的繁衍中是多么微不足道和无关紧要。

---

1. 亨利·卢格·马歇尔：《本能和推理》，纽约，1898 年。

2. 证明先天本能不存在的常用模式是表明婴儿时期是观察不到这一本能的。当然也有另外一种说法，即大部分本能会在生命中的某一时刻突然显现，而这主要取决于必要的生理能力的发展。走路、打架和恋爱都是鲜明的例子。

在那一刻，男性终于明白女性对人类的意义远胜于他，生命的洪流是从女性的身体里汹涌而出的，是女性的血肉创造了新的生命。男性开始理解为什么原始人类和伟大的宗教会崇拜女性。

显然，女性的高度谨慎促进了后代的繁衍，因为她们的羞怯退缩有助于进行性对象的选择，使她们能够更好地甄别谁才有幸成为孩子的父亲。她们是类和群体的利益代言人，而个体的利益通常体现在男性的强硬话语中。女性一旦达到目的，进入母亲的角色，她们就不再那么拘束了。一位农村妇女不久前还比较害羞，但是成了母亲后，会有一种简单快乐的自豪感，她会毫不羞涩地在公共场合哺乳。她这样做是对的，因为在生活和艺术的世界里，这道风景是最可爱的。

恋爱中的女性要比男性聪明，因为通常她们的欲望不那么急迫，不会迷失了自己的判断，这是女性远古智慧的奥秘所在。达尔文认为大多数物种的雌性对爱的态度相对冷漠。龙布罗索、基施、克拉夫特·埃宾和其他学者涉猎的领域虽然令天使们望而却步，却让我们相信还有百分之四十的女性在享受着类似的性冷淡，当然城市的情况可能正好相反。据说女性寻求的不是肉体的快乐，而是一往情深和无微不至的关怀。很多情况下，让人梦寐以求的纯粹快乐感就能让女性心满意足。托马斯·哈代说："有时候，女性会因为渴望被爱而变得更加善良。"[1]

女性比男性更喜欢爱情中无关肉体的那部分，我们笼统称为精神之恋。一些研究者专门研究女性这种令人费解的心理，他们认为女性的爱是母爱而不是性爱。龙布罗索指出："女性的爱从本质上看不过是母性的第二特

1. 托马斯·哈代：《无名的裘德》，第 286 页，纽约，哈珀兄弟出版公司。

征而已。女性对男性燃起的爱不是基于性冲动，而是基于服从和忍让的本能，这些本能是在适应过程中形成的。”[1] 阿尔弗雷·德·维尼认为，男性的爱是对母亲乳房的记忆和渴望，谁知道爱人对女性来说是否只是另一个需要慰藉和哺育的孩子呢？

尽管女性的爱没有男性那么迫切，但是爱对女性的影响很大，流淌在她们生命的每个角落和缝隙中。爱情会使女人变得鲜活，关心会让她们生气勃勃。一位女性因为和小偷相恋而遭到一位法国法官的谴责，结果这个女人回答道：“如果没有爱，我就什么都不是。”也许魏宁格正是知道了女性的这种心理需求，才认为她们没有灵魂——因为她们生活的焦点就是男人。很多情况下，女性的性格似乎来自对男性的学习。但这是假象，只有男性才认为女性在模仿他们，女性的内心其实始终保持着独立和果断。她们知道男性非常自负，如果她们表现出过多的个性，就会遭到男性的排斥。

如果说在爱的艺术上女性胜过男性，那么在友谊上男性胜于女性。男性之间可以肝胆相照，而女性之间只是泛泛之交。她们虽彼此称赞，却往往口是心非。她们难以自得其乐，又彼此厌倦，只能相互讨论一下男人。这是很自然的，正如拉罗什富科很久以前说的：“大部分女性对友谊不感兴趣，这是因为她们感受到爱以后，友谊就变得平淡无味了。”[2] 诗人也说，爱情对男人来说只是生活的一部分，但对女性来说是生活的全部。我们就各行其是吧。

男人的嫉妒心就如同他们的爱一样，很强烈但不持久。男性的占有

---

1. 基施：《女性性生活》，第 133 页，纽约，1910 年。
2. 拉罗什富科：《反应》，第 440 页，伦敦，1871 年。

欲也很强，他们的爱情一半就是为了占有。对男性来说，爱情不只是自我放弃，因为从事物的另一面来看，爱情也意味着自我的扩张和胜利。嫉妒其实是因为占有的本能受到了竞争的威胁，是对所有权受到侵犯的控诉。“我是耶和华你的神”，在我面前不能有奇怪的神。女性虽不像男性那样急于拥有一个从未被他人占有过的伴侣，但是女性的嫉妒在强度和深度上更胜一筹，她们不仅嫉妒丈夫的情人，还嫉妒他的朋友、烟斗、报纸和书。她们会慢慢地使他和朋友们疏离，如果实在没有办法，她们还会采取恶劣的调情策略，和他的朋友们打情骂俏。当男性嫉妒她们的仰慕者时，她们不但不生气，反而乐在其中，并鼓励他这样做。因为她们知道，只有当男性失去拥有她们的安全感时，她们才显得弥足珍贵。她们的先天智慧告诉她们，嫉妒是挽救垂死爱情的良药。而且这些美丽的误会是值得原谅的，因为女性处于弱势，所以需要这样一些艺术性的伎俩来平衡男性的生理优势。女性必须全力以赴保护自己，因为人类的存续和力量是依靠她们的。女性总是为了那份短暂的爱情付出过高的代价，以至我们不得不抱怨她们的多愁善感。“对女人不能太温柔”(尼采)。

第十章

男女之个体性本能

女性的职能是为整个人类服务，男性的职能是为女人和孩子服务。人类虽然还有其他职能，但显然都从属于此。大自然将我们生命的意义和幸福置于这些基本的、半无意识的目的中。

因此，男人的天性就是保护、获取和冒险。他们的任务是离开巢穴或家庭去捕猎食物。他们是生命营养的代理人，而女性是生命繁衍的工具。食物是男人最主要的猎取对象，如果他们想要得到其他或一切东西，那是因为（也许他们自己不这么认为）这些东西代表了财富，意味着在危机时刻可以确保食物的供应。梅特罗多洛说，所有美好的东西都和填饱肚子有关。尽管这种说法不太文雅，却是男性的真实写照。男性对食物有种特殊的迷恋，很容易被美食征服，他们比女人更爱吃吃喝喝。从夏娃给亚当苹果的那一刻开始，女人就知道通过胃来掌控男人，可以把他们的消化能力和道德准则毁于一旦。

雄性在冒险觅食中成了斗士。在动物界，它以尖牙利爪为武器；在人类社会，他们在财力上互相竞争；在国与国之间，他们以海陆军队和报纸为工具。吉卜林认为女性比男性更极端，但这也许是因为战争带来的伤痛影响了他的观点。女性的天性是追求庇护而不是战争。一些物种的雌性根本不具备好斗的本能。女性只有为了孩子才会发生正面冲突。如果说女性有潜在的凶猛本能，那是用来应对种族危机的。但很明显，女性不喜欢诉诸武力，她们少有的暴力也总是发生在生理紊乱期。她们比男性更有耐心，尽管男性在面临生活的重大事件和危机时表现得更为勇敢，但是在应付生活中那些琐碎且没完没了的烦心事时，女性充满了持之以恒的坚忍精神。她们默默地承受着病痛，也会苦中作乐，把生病看作暂时摆脱无休止的辛劳的机会。男性则不喜欢安静的生活，一旦有病痛就会慌张不安，恨不得让全世界都知道自己的病痛。

女性的好斗是间接性的。她们倾慕军人，喜欢有主见的男人。她们身上那奇怪的受虐狂因素使她们对力量感到异常兴奋，即便自己是力量的受害者。每一代女性都会挑选好斗的男性，因为她们不自觉地意识到她们的家庭和后代需要男性的保护。这种崇尚男子气概的历史悠久的喜好时不时地会压倒女性近代以来形成的经济理性，只要男性非常勇敢，即使是个傻子，她也愿意嫁给他。女性也乐意向有指挥能力的男性俯首称臣。现代社会中女性之所以不那么顺从，是因为和以前相比，男性的人格力量在减弱。也许是工业社会令人窒息的例行公事和脑力劳动的死气沉沉、矫揉造作使得男性习惯于被奴役，连勇气也被折磨得消失殆尽了。

女性的胜利不是通过战斗，也不是因为勇气，而是通过坚持不懈和坚忍不拔获得的。男性的好斗心更强烈、更公开，但不持久。男性更乐意弥补错误或求和投降。他们也许会咆哮，甚至殴打女性，而最终女性总会获胜。

如果女性允许事情重复发生，那是因为她们无力抗争。弱势的物种、民族、性别和个体都颇具耐心，富有心机。拿破仑征服了整个欧洲大陆，却驾驭不了他的妻子。面对软弱胆怯的约瑟芬，他发现有力无处使；面对她的武器，他又毫无抵御能力。他说："我的性格常常被人称赞，但对我自己的家庭来说，我只是个胆小的人，他们很了解我这一点。第一场暴风雨过去后，他们的坚持和顽强总能带来光明。疲惫不堪的他们会对我为所欲为。"[1]这听起来像每个家庭交响曲的特色音符。在那些奢华的日子里，中产阶层的妻子没有工作，也没有孩子，整天无所事事地修身养性、提升魅力，这种状况对男性很不利。因为当他经历了一天的烦扰和辛劳筋疲力尽地回到公寓时，却发现那亘古的敌人正精力充沛地等着他，他只能不战而败。如果凑巧本该他赢，只要女人一哭，他就输了。玛丽亚·路易莎[2]吹嘘说，只要她哭两次，想要的总能到手。聪明的妻子总结出一条战争的基本准则，那就是：如果一开始没成功，就再哭一次。

至于那些所谓的行动本能，诸如爬行、行走、投掷、跳跃、攀登、跑步、玩耍等，雌性似乎不如雄性积极。他偏向于无意义的运动，她则过度耽于安稳。女性相对更懒，所以在性关系上更加危险，因为懒惰是通奸之母。想要成熟、快乐和优雅，必须忙碌一点儿。

1. 约翰逊：《科西嘉人》，第485页，波士顿，1910年。

2. 玛丽亚·路易莎：拿破仑的第二任妻子。——译者注

第十一章

男女的社会性

在我们刚刚考察过的本能中，男性在保护个体本能方面有着显著的天然优势。但是在保护群体和种族的本能方面，女性则更胜一筹。女性社交能力强，更擅长交际，喜欢呼朋引伴，也喜欢把自己藏匿在人群中。她们不在乎哪一个是最好的戏剧、音乐会或度假胜地，她们只在乎哪个参加的人数最多。在这点上，她们和配偶的分歧很小。(至少她们是尽量喜欢最好的，而普通男性则是因为害怕妻子而被迫去听音乐会，看艺术展览和有关社会问题的戏剧。) 女性相对缺乏独居的能力，一般也不会隐居。女性没有男性就会感到不完整，而男性缺少女性的不完整感相对较弱。毫无疑问，这是因为女性需要男性的保护和领导，女性是群居动物。

因此，女性更加健谈。人们通常认为女性是无法保守秘密的。富兰克林说："想要三个人一起保守秘密，必须死掉两个才有可能。"如果要使这句话适用于男女两性的话，恐怕死亡率得更高。然而，正如梅瑞狄斯所说，

“在知道了乳房也可以成为女性的坟墓”[1]之后，我们意识到女性的忍耐力要比男性强。女性更具表现力，因为她们更容易被感觉和情绪左右。正因为这个原因，以及社会对女性性欲的严厉压抑，她们更容易患神经官能方面的疾病，如舞蹈病、抽搐、歇斯底里、强迫症、恐惧症、巫术灵感等。她们的脸就像她们的话语那样善变，她们没有学会像恬淡寡欲的无产者或谨慎的商人那样，在盈亏悲喜面前宠辱不惊。女性这种直接的面部表情变化使她们有能力看破别人的情绪和想法，因此每个人在尝试过后都会发现，欺骗女人要比欺骗男人难得多。

正如高尔顿表明的，社交能力会因为胆小和模仿而发生变化。女性通常会把主动权让给男性，即使在恋爱中也是如此（萧伯纳的观点除外），因为男性需要这样的优越感。如果欲望的第一口美酒没有让他们陶醉的话，那么他们会无情地让女性等上好多年，而与此同时，他们不断地通过性交来权衡计算、尝试积累性经验。女性对自己没有把握，生理的弱势和经济上的依赖性也总是成为她们沉重的负担，消磨了她们的勇气，夺走了她们的反抗性和进取心。她们总是坚守传统和风俗，虔诚地模仿过去，同时又焦虑地追逐当下流行的衣着、举止和思想。为了一时的风尚和时髦，女性总是比男性更乐意付出物质代价，在美国，对时尚的狂热追求正逐步取代思想的有序进步。精神分析学家沉湎于研究女性那备受骚扰的心灵，灵媒用幻象安慰着她。埃米尔·库埃[2]在她毫无疑心的幻想中找到了生计。

---

1. 梅瑞狄斯：《理查德·弗维莱尔的苦难》，第 32 页，波士顿，1888 年。
2. 埃米尔·库埃：法国心理学家、医生、教育家，创造性地提出和运用了“心理暗示与自我暗示”“安慰剂效应”，治愈了数以万计的患者。——译者注

女性不敢像男人那样随心所欲地改变常规，因此女性中虽然傻瓜少，但天才也不多。女性之间的相似度要比男性之间大。不断变化的环境，多样化的工作、专业和生意使男性的发展多种多样、各不相同。但是女性却始终从事着传统的家务劳动，承担着由来已久的寻找配偶和抚养孩子的责任，这使得她们如同一个模子里刻出来的。因此，她们不同的面孔之下实际掩藏着相同的灵魂。也许这就是男性能踌躇满志、游刃有余地行走在一个个爱人或情人之间的部分原因。他只需要知道一个新的名字，而不用学习新的艺术技巧，有时候老的情书都还能用。但对女性来说，假如她们曾经爱过又失去过，她们会发现失去的再也回不来了，她们的心思始终会束缚在某个特定的形象上，无论走到哪里，这种记忆总是萦绕心头。

女性强大的社交能力导致的最后一个必然结果就是，她们热衷于获得社会认同。女性比男性更看重邻居的看法，因为在她们的生活中，除去用于爱情和母亲角色的时间，她们的时间都用在了处理社会关系上。她们比男性更虚荣，更注重美德和美貌，可以为了给鼻子涂粉花上半小时。当然女人的虚荣和男人的自负其实是不相伯仲的。她们的善于表达会演变成说长道短，她们的擅长模仿会导致相互雷同。她们甚至比伴侣更想飞黄腾达，她们对地位的渴望鼓起了伴侣事业之舟的风帆。所以，她们会在上级面前毕恭毕敬，在下属面前又颇具优越感。出于同样的原因，她们显得更加彬彬有礼，社会敏感性和母性的交织使她们比男性更善良也更富有同情心。她们的温柔体贴、乐于照顾或帮助体弱多病者、乐善好施的品格所造就的无私与美德，足以使她们的虚荣心看起来都那么迷人。

最后，思想和心灵的这些特点使女性更为笃信宗教。情绪的紧张使她们很快就感受到宗教对意识和感觉所产生的强大吸引力。严重的性压抑使她们对每个崇拜对象都充满了暧昧不清的虔诚心。她们对生活中悲哀的丧亲之痛感受更为强烈，她们盼望着能和失去的爱人团聚，她们相信爱情的不朽。大自然对她们来说有着庄严的神秘感，然而谁又知道，也许她们这种本着谦逊的无知来理解自然的做法，其实比机械论的科学知识更加接近自然的秘密？她们本能地崇拜那些男性寻求控制的地方。生理的依赖性使她们渴望得到全能的保护。由于精神容易被花花世界迷惑，她们又渴望得到上帝的指引。因为害怕孤独和喜欢社交，她们渴望神的存在，能在她们孤独无助的时候给她们朋友一样的慰藉。她们既是第一个接纳新信仰的人，也是最后一个放弃旧信仰的人。男人在绝望的时候可能会自杀，而女性在万念俱灰的时候会皈依天堂，希望从慈爱的上帝那里获得力量和安慰。

第十二章

男女的智力差异

上述这些虽然都属于男女天生的本能，但是随着经历和教育的丰富，这些基本的特质会不断发生改变。无论男女都会以这些习性为基础，在习惯和智力方面有所发展。那么在这种智力的进一步发展方面，男女之间又有什么差异呢？

相对而言，男性智力进一步发展的范围更广、程度更高。因为经过无数代的进化，男性已经从传统家庭中走出来，进入千变万化的世界中。他们不得不面对新情况和新事物，而事实证明原有的本能已不足以应付。于是他们（一部分人）必须灵活适应，成功地做出应对，这就是智力发展的来源。本能其实也是智能。假设新事物和新情况是属于传统类型的，并且人类已经遭遇了数个世纪，那么本能应该足以应付，甚至可能比不靠谱的深思熟虑更为智慧，比如它可以做出更好的调整，获得更大的成功。直到晚近时期，女性生活的主要任务才变成寻找配偶和抚养孩子，这一情况一般来说只适用于大城市以外的女性，即使是在大城市里，也只适用于中产阶层以外的女性。这些主要任务是历史的顽疾，是有史以来女性不得不面对的事实。从这个角度来看，大自然塑造的本能反应有时是灾难性的，但通常又是有利而智慧的。

因此，女性（大都市里的女性除外）本能的团结性、严谨性、精确性都要胜于男性。男性更挑剔、多疑，更担心思想的匮乏；在本能为了适应新情况被打破后，他们会失去直觉性和可靠性。面对女性，他们总是不知所措。而女性无论手头遇到的问题是捕获对象、维系爱情还是组建家庭，她们都更沉着、务实，更善于运筹帷幄、速战速决。在温柔的爱情战争里，三十岁的男人根本不是二十岁女人的对手。男人无论年龄多大，只要陷入恋爱，不管对方年龄几何，都会成为她的绕指柔。有些事情女人天生就知道，这是附着在染色体上的天赋权利；而男人只能在痛苦的经历和幻想破灭之后才能领悟。女人看到的比她能表达的多，男人表达的比他看到的多。女人思考不经头脑，说谎不打草稿。在制造谎言方面，男性远远落后于女性。谎言一旦被戳穿，就只有女性还能冷静地解释。

女性一出生就已具备完成生活基本任务的能力，因此成熟得更快，青春期也相对较短。一些男性因此把女性看作低等物种。这种说法其实非常草率，因为按此逻辑，乌龟就是上帝最高贵的杰作了。更为合理的解释是，女性之所以在心智方面具有天生的优势，是因为女性的大脑与体重比要高于男性。女性青春期的加速很有可能是后天造成的，因为她们是自古以来早孕压力下的牺牲品。男性也可以在现代男性平均婚龄一半大时成为父亲，但是经济环境不允许。青春期不仅关乎思想，也关乎身体，还关系到许多变化。有的男性成熟得早，有的成熟得晚，还有的永远不成熟。很明显的是，我们人类的青春期延长了。世界日益复杂，也越来越和我们的天资与艺术格格不入，人类的无助感与日俱增。在我们这个时代，很多男性人到中年心智还不成熟。相比而言，女性的生活有种圆浑的朴素感，身心比较早熟。她们能很快学会社交礼仪，在学校里比同龄的男孩更聪明。最近的智力测试表明，拉德克利夫学院的女孩比哈佛大学博学的男孩更胜一筹。但是女性的这种快速发展结束得也比男性早，因此她们在出生以后发展得不如那些焦虑、爱尝试的男性长远。她们恪守遗传，而他们敢于尝试变化；她们是维持种族稳定的器官和基地，而他们是推动变化的先驱者；她们是人类之树的根基和主干，顽强地扎根于土壤，开枝散叶、稳固根基。

这种稳定性的另一面是情感上的保守和思想方面的不足。女性的兴趣爱好是家庭式的，因为她们生活的环境就是家庭。女性既像大自然一般深奥，也因囿于四堵墙而变得狭隘。本能使她们非常适应传统，她们对传统的喜爱如同专家对他所擅长的领域的喜欢一样。她们不喜欢思想和道德方面的冒险尝试（大都市里的女性除外）。如果她们诉诸自由恋爱，不是因为她们想从爱情中寻找自由，而是她们对和有责任心的男性建立起正常的婚姻关系绝望了。如果她们能把男性拉近身旁，把他吸引在家里，她们该多么快乐啊！即使在年少的岁月里，她们也曾为政治改革的口号激动，想把自己的爱洒向全人类，然而一旦找到可靠的配偶，她们就会从这些尝试中退出。她们很快会让他和自己摆脱这种普遍的博爱，并教会他对家庭强烈而无限的忠诚感。年轻人在求婚时欣喜若狂地说：“我愿意为你奉上整个世界。”结婚时，他也确实做到了。

这听起来还不错。不过，女性不用想就知道，唯一真正的改变要从家庭开始。她们就像种族代理人一样，要把散漫的理想主义者变成为了孩子可以奉献一切的人。女性天生对法律和国家漠不关心，她们热爱的是家庭和孩子，只要能保护这两者，她们根本不在乎哪朝天子哪朝臣，只会对那些改朝换代的人微笑而已。如果女性目前并没有保护好家庭和孩子，那么只是因为她们暂时忘记了自己的天性。但本性是不会一直被忘怀的，因为任何时候她们都备有上百种权宜之计。此外，还有在数量和地域上超过我们的其他种族与民族，女性可以借助他们的力量来坚决地、不加区分地保持人类的延续性。

第十三章

男性、女性和天才

女性的智慧是天生的，一部分男性的智慧是后天获取的，大部分男性的智慧是时势所迫时得到的。工业革命带来翻天覆地的变化，生活对男性来说就像万花筒，责任不断扩大，无从选择，不可预见。许多人在压力之下崩溃了，还有一些人则殚精竭虑、绞尽脑汁充分发挥才华。男性创造出前所未有的天才和疯子。随着工业文明对女性的吸纳，时势所趋，她们同样不得不发展智力。但女性转变得很快，始终和男性保持着心智差异。女性不擅长抽象思维，她们能敏锐地观察并记住现实，但她们不善于归纳和做原创性的解释。她们会沉溺于细枝末节而迷失自我，迷失目标。女性感兴趣的是人，而不是过程和事物。她们讨论的不是问题，而是男人，因为男人才是她们的问题。女性的生命被丈夫和孩子占据。男性的命运则被抛入工商业的旋涡，他们要从头到尾处理事情，要和男男女女打交道。男性对探讨性的书籍更感兴趣，而女性对有关男人的故事书更感兴趣。女性是万物有灵论者，即使只是宇宙、社会和经济的客观变化过程，她们也能从中看见神圣人格和英雄意志。

天才女性对世界的贡献微不足道，这一点通常能使男性对两性心智差异有所慰藉。即使是在与美相关的艺术领域、与情绪的敏感性相关的音乐领域，女性虽然付出的努力和面临的机会多，但是产出少。虽然从事音乐的女性比男性多，但是能谱出更多生机勃勃乐曲的是男性。在某些领域，男性也会承认女性的智力或艺术天才，但这只是为了让男性重新找回这些本该属于男性的天赋。叔本华让我们相信，天才和母性之间存在着矛盾。我们如果相信他的话，就会得出一个结论，女性只有像叔本华那样变态危险，才有可能心智超群。乔治·桑像男人一样抽着雪茄，斯宾塞发现乔治·艾略特太男性化了，她冰冷的心很难被融化。吉拉尔丹夫人认为，乔治·桑的每一部小说都能找到她最近一位情人的蛛丝马迹。她说：“当我们批评女作家的作品时，我们通常不得不惊叹布冯说的‘文如其人’。”[1]

女性天才较少，原因很复杂，且难以捉摸。也许我们这样说本身就带有偏见，忽略了为人母亲和政治、文学或战争一样，同样都需要天赋。判断天赋是否相同（正如生活中的幸福感一样）不是看其是否具备用同样的技能完成所有事情的能力，而是看其能否以和年龄、性别相匹配的能力出色地执行任务，行使职责。在这个问题上，我们同样会错误地认为同时代的天才要比其他时期少，这其实是距离产生美而已。今天我们总是会到昔日繁荣的领域里寻找天才，那些曾经铸就了文学和艺术的精神力量，现在全部被吸收进科学与工业的广阔领域。当前我们竭尽全力用新知识和新技能来重新构建物质世界，我们已经拥有伟大的发明家和科学家、国际商务

---

1. 格奥尔格·勃兰兑斯：《十九世纪文学主流》，第三卷，第 71 页，纽约，1905 年。

的高级经理、世界瞩目的金融家，就不要再期望同时出现柏拉图、莎士比亚、达·芬奇和贝多芬了。

男性天才的数量之所以超过女性，也许是因为天才只出现在受过教育的少数男女之间。因此在男女接受高等教育的比例相等之前，这种比较是令人生厌的。男性天才是从上百万受过教育的男性中遴选出来的，而女性天才只能从几百个受过教育的女性中挑选出来。女性一旦获得机会和教育，她们中就会产生像萨福一样伟大的诗人，像乔治·艾略特一样伟大的小说家，像玛丽亚·居里一样伟大的物理学家，像希帕蒂娅和索尼娅·科瓦列夫斯基一样伟大的数学家，像阿斯帕西娅和德·斯塔尔夫人一样伟大的思想家，甚至还有像伊丽莎白女王和凯瑟琳·德·梅第奇那样有影响力的政治家。如上所述，我们不得不惊叹女性竟然为人类提供了这么多的天才人物！当然，女性可能缺乏艺术工作所需的纯粹体力，也不如男性那么有美感，能够引导心灵进行精神再生产。这里人们可能会再次提到，女性身上存在着某种性别感觉缺失，或者更确切地说是感觉迟钝，这一点已经被许多（男性）心理学家证实，但在当代道德中人们并没有找到充足的证据。一般来说，女性择偶的标准不是美貌，而是能力和力量，因为这预示着保护能力。而男性择偶的标准是美貌，（用司汤达的话说）这不仅仅是为了赏心悦目，还因为这象征着健康和活力。女性不会狂热地追求审美，是因为她们不是渴望占有，而是渴望被占有。因此，她们更善于激发艺术，而不是生产艺术。也许她们在傲慢愚蠢的男人身上没有找到能激发创作的美感。因为她们自己就是美的化身，又何必去寻找美呢？生命之美胜过最精致的造型艺术，甚至比智慧更高贵。因为它是造型艺术的源泉，是智慧的目标。美丽的生命不需要太聪明，但聪明的生命会努力让生活变得更美好。

第十四章

男女差别是天生的吗？

还有一个问题需要讨论：男女心智差异是先天遗传的还是后天习得的？这很难说，因为在这个领域科学与哲学相抗衡，一方面是不确定的知识，另一方面是丰富的假设。人们可能会大胆推测，尽管这些差异很容易和天生的结构功能差异紧密地联系起来，但大部分都是通过社会传播、通过个人努力习得的。这些差异很大程度上取决于男性为了自身效用和自我满足所塑造的女性理想形象，并通过各种各样的环境施加在女性身上。正如一个女教授抗议的那样："人们鼓励男孩个性化，训练他们独立思考、独立行动……鼓励他们去尝试、去为自己奋斗。而女孩则被教育要尊重权威、依赖和顺从，这让她们感到独立思考和独立行动是缺点，既不成熟也没有女人味。而男孩则与生俱来地认为生命的成功依赖于他创造新事物的能力。社会对女孩却没有这样的激励因素。"[1]

---

1. H.B. 汤普森：《两性心理特征》，第 178 页，芝加哥，1903 年。

从某种意义上说，经过大量的试验，关于男女的智力和道德差异是否是天生的这个问题，我们已经能够给出科学的答案了。经济环境是试验的执行者，而生活本身就是实验室。大自然似乎把困扰我们的问题摆在了自己面前，并决定用全宇宙性的试验来解决它。男性在智力上优于女性，是天生的还是环境造成的？为了解决这个问题，就有必要使大量女性置身于塑造了男性的千变万化的工业生活中，从而观察普遍的职业化是如何迅速地从根本上改变了女性的思想和性格的。整个英格兰和半个美国都是这个伟大试验的场所。工厂、办公室和职业对男女同时开放，经济危机把数百万妇女拉出古老的家庭生活，将她们粗鲁残酷地抛入工商业社会与男性一争高下。试验的结果是什么？

结果是“被解放”的妇女迅速转型，令整个世界瞠目结舌。不消三代，这些新的产业工人就涉足了所有不依赖于体力的领域，并且在这些领域内掌握了足够多的本属于男性的智力和道德品质，以至整个基督教世界的卫道士们都痛惜曾经温和柔弱的女性变得男性化了。女律师、女医生、女主管等纷纷展现了女性的能力，并与已经确立起来的男性世界相抗衡，这在一定程度上反衬出女性获得机会的有限性。没有男人愿意娶大学毕业的女性，因为她们智力上的优越性会排斥男性自命不凡的领导，而这恰恰是婚姻的前提和牺牲性。随着商店和工厂快速取代农场和家庭，两性之间的心智和道德差距也在迅速缩小。

研究显示，假如女性选择和男性一样的全职生活，那么她们可以与男性匹敌，无论是在智力上还是在道德品质上。但也可能女性会显示出更高的品位。她们当下模仿男性的阶段将会成为过去，她们会发现不值得这样去奉承男性。她们也会意识到智力不等于智慧，幸福如同美丽和完美一样，都在于自然自我的充分实现。那些继续推进解放事业的女性所寻求的不再是成为不完美的男性，而是成为完美的女性。她们会认为为人母是一门技艺，同操纵工具、滑轮、阀门和轮胎一样，需要做好充足的准备，需要具备足够的智力。也许她们会发现为人母才是最伟大的艺术。

新自由给女性带来的问题同她们过去受奴役时一样复杂严峻。在这方面，男性爱莫能助，因为男性的智力太机械、太粗糙，无法感同身受地去理解那些扰乱了女性生活和心灵的重大变化。女性只能用自己获得的新知识来处理新情况。而且她们很有可能获得成功，因为让她们获得自由的力量足以让她们应付自由所提出的挑战。她们会找到方法把在爱情和为人母中绽放的温柔与形形色色的能力、敏锐的智慧、永恒的美丽结合起来，她们会在今天的社会中脱颖而出。

第十五章

现代女性的伟大转变

在前面的分析中，我们把现代城市中的工业化女性暂且搁置一边，这是为了进行单独的讨论。因为这是一个独特的群体，很难被归类，历史上几乎没有先例。倘若要问在我们的印象中，20 世纪第一个二十五年人类社会最显著的特征是什么，我们会发现既不是第一次世界大战，也不是俄国革命，而是女性地位的变化。历史很少在如此短暂的时间内发生这么惊人的变化。随着工厂在田间的扩张，城市吞并了乡村的自然资源和人力资源，曾经作为我们社会秩序基础的“神圣的家庭”，曾经作为我们抵御激情与不稳定屏障的婚姻制度，曾经使我们从野蛮走向文明和礼貌的烦冗的道德行为准则，这一切的一切都被赤裸裸地卷入社会的动荡转型中，这一转型席卷了我们整个社会制度、生活和思维方式。在这个失控的年代里，我们的心智有点儿失衡也是可以理解的。

早在其他世纪就已有人认识到女性不应该是家庭的奴隶、社会的装饰品或性工具，但这种认识只是个别现象，只是作为一个值得普遍关注和令人惊讶的不道德的例外。柏拉图不切实际地要求所有职业对两性开放，两性机会平等。亚里士多德的观点则更契合他生活的那个时代的成见，认为妇女发育不全，是大自然制造男性时的失败之作。女性天生低贱，属于奴隶，没有资格参与公共事务。

耶和华也秉持这样的观点，据说他在传给摩西的最后一个诫命中将妻子与母亲和牲口与财产归为一类。耶和华是犹太教里的形象，犹太人同任何好战民族一样，把女性看作厄运，看作不得不容忍的罪恶，因为当时女性是生育士兵的唯一源泉。古犹太人生女儿的时候是不会点蜡烛的。生了女孩的母亲还必须接受双重洗礼。而男孩则因被耶和华称为“圣子”而感到骄傲，故而反复祷告，感谢神没有把他变成一个异教徒或女人。[1]但这种现象绝非犹太民族所独有，事实上犹太民族在许多方面都超出了当时的道德规范。在东方世界，女性只有生了儿子之后才不会被鄙视，也只有在儿子浴血沙场后才能得到充分的尊重。即使是作为女权主义者的柏拉图也庆幸自己是一个男人。

毫无疑问，从当时到当下，女性的地位和待遇已经发生了翻天覆地的变化，在此我们无须赘述。无论是那些为古雅典生活增添了别致生动一面的古希腊交际花，还是那些活跃在现代君王宫廷里的著名情妇，她们都专注于性魅力的发展和操纵，借此寻求从男性统治中解放出来：阿斯帕西娅和芙丽涅流连于哲学家和艺术家中；杜巴丽夫人和蓬帕杜尔夫人的沙龙是世界闻名的最成熟的文化知识中心。法国大革命曾许诺给予人们普遍自由，于是孔多塞向国民大会提交了关于妇女选举权的请求，玛丽 · 沃斯通克拉

1. 罗伊登 ·A.M.：《女性和主权国家》，第 45 页，伦敦，1917 年。

夫特在人权中加上了妇女权。然而当流血事件结束，在妇女们为法国的自由奉献了五十多万儿子之后，她们却发现自由和平等并不适用于家庭生活。无套裤汉[1]们接手了杜伊勒里宫，但是他们对妻子来说就像耳熟能详的罗马暴君一样。自由只属于男人，只是在语法上属于阴性而已。

这种观念一直持续到 20 世纪。在我们这些四十岁人的心理阴暗面中，谁会忘记奥托·魏宁格用来证明女性没有灵魂的尖刻论著呢？有哪个男人会错过读叔本华那本《女性随笔》的乐趣呢？在那本书里，叔本华把女性描述为“小身材、削肩膀、大屁股、粗短腿的人种”。尼采劝告我们：“当你去找女人的时候，还记得她们的鞭子吗？”听到这话，我们会不会陶醉在优越感中呢？我们并不在意那些愉悦了我们的书其实只代表了两性永恒战争的冰山一角，只是被围困者的军事指南手册，只是战败男性的智慧言说。我们忽视了这些偏见背后的真实原因。事实是，叔本华被一个美丽的威尼斯女孩抛弃了，因为她更喜欢布里翁的头衔和帅气；尼采追随忧郁夫人——卢·莎乐美大半个欧洲，不惜用华丽的辞藻追求她，却依然被抛弃；魏宁格这个骄傲的天才被维也纳的一个服务员抛弃，绝望之下在贝多芬的家中自杀身亡。我们喜欢读这些书，因为它们间接而又安全地表达了我们内心对所爱性别（指女性）的敌视。

直到 1900 年左右，女性才拥有了作为一个人在法律上被尊重的权利。19 世纪，非洲的女性还在被当作奴隶买卖，就像许多农业机械一样。在

1. 无套裤汉：法国大革命时期对城市平民的称呼。当时法国贵族男子盛行穿紧身短套裤，膝盖以下穿长筒袜；平民则穿长裤，无套裤，故有无套裤汉之称。这原是贵族对平民的讥称，但不久之后成为革命者的同义语。——译者注

塔希提和新不列颠岛，女性要给猪喂奶。[1]在老英格兰地区，丈夫可以任意殴打妻子，只要妻子还能苟延残喘地活着就完全属于法律许可的范围。男性可以每个晚上都通奸，而女性除非已经被男性抛弃，否则她们除了遵从别无他法。女性挣的钱归男性所有，女性的嫁妆也归男性支配。男性从没想过女性居然会有在工厂工作的权利，或是拥有神圣的投票权。

大转型就这样发生了。这些漂亮的奴隶开始谈论自由和其他的崇拜物，开始讨论平等和其他不可能的事情。她们打碎了窗户，毁坏了邮筒，开始无休止地游行和发表强烈的演说。

这是《错误的喜剧》的变奏曲：

我们躺在床上睡觉，不是因为男人的要求；
我们提供食物，不是因为男人的需要；
我们团结起来，男人才会看我们一眼。

女人们已经下定决心并且找到了出路。现在男人再也不能打她们了，她们不会再为男人做饭，甚至连晚上都不愿意和她们的丈夫待在家里。她们不再为男人的恶行担心，而是忙自己的事情。就在男人们似乎失去了灵魂、忘记了投票权时，女性获得了灵魂和投票权。她们开始抽烟、发誓、喝酒、思考，而曾经垄断这些生活艺术的骄傲的男人们此时却在家照顾婴儿。

---

1. 威廉·埃萨克·托马斯：《性别与社会》，第 138 页，芝加哥，1907 年。

第十六章

现代女性与事业

这些比基督教时代还要古老而稳定、受人尊敬的风俗习惯和制度竟然转瞬之间就被颠覆了，我们该如何去解释呢？普遍的说法是因为机械倍增，妇女解放是工业革命的意外产物。

首先，它为妇女带来工业化，其规模是前所未有的。女性劳动力比男性更廉价，因此雇主们更乐意雇用女性替代那些价格相对昂贵却叛逆的男性。一个世纪以前，英国的男性很难找到工作，海报上都是工厂招聘妇女和儿童的广告。[1]雇主必须考虑的是利润和分红，决不会因为道德、制度和国家方面的考虑而受干扰。19 世纪英国那些爱国的工厂主在不经意间打破了家庭的稳定结构。

1882 年的立法是我们祖母辈合法获得解放的第一步。该法律规定从此以后，英国的妇女将享有前所未有的保留个人财产的权利。这是一个非

---

1. 约翰·劳伦斯、芭芭拉·哈蒙德：《城镇劳工，1760—1832》，伦敦，1917 年。

常道德化和基督教性质的法律，由下议院的工厂主提出，主要是为了吸引更多的妇女加入大机器生产。从那一年起至今，在不可抗拒的利润驱动下，妇女们从家庭的苦役中被拉入商业的奴役中。今天的英国，二分之一的妇女都在办公室或工厂工作。在工业领域，女性比例的增长速度是男性的四倍。由此推测，未来城市里的每个女性都会走出家庭去工作，只有生育期间例外。现在我们中有些人还并不乐意见到此番景象，但是一二十年以后我们就会习惯于此。习惯使一切合理化。

女性的工业化自然会导致家庭生活的衰退。随着新机器的不断涌现，出现了新动力模式下的大规模生产，成本降低了，工厂里各种各样的工作远比家庭更有吸引力，这一切都改变了女性的生活。女性慢慢地脱离了旧时的工作，令她们感到枯燥烦琐的任务也逐渐逝去，家庭看起来毫无趣味，她们在家庭里既无用处也得不到满足。

走出家庭进入工厂对女性来说是一种荣誉。她们用自己的双手寻找工作，如果没有工作，她们就是毫无意义的寄生虫，只是经济充裕、心理颓废的男性的奢侈品。当拿到第一份工资时，就像逃学的男孩因为被工厂雇用、获得星期天雪茄而实现了成年的愿望一样，她们内心充满了自豪感与幸福感。女性接受新奴役的快乐是一种有所事事的快乐，从某种程度上看，也是一种感受到自我价值的幸福。

但家庭因此被掏空了，不再是一个做事、过日子的地方。男男女女都抛弃了家庭生活，开始住在像盒子和蜂窝一样的公寓和宿舍里，在嘈杂喧嚣的街上度过日日夜夜。持续了上万年的制度一朝便被打破了。社会科学家和社会心理学家声称，风俗习惯和道德不会突变，只会循序渐进地改变，然而当下这个文明史上最重大的变化之一却像男孩转变为男人那样一夜之间就发生了。我们的编辑、牧师和政治家曾经发出警告，不允许社会主义者颠覆家庭。同时，在他们看来，在道德家们找到原因之前，他们生活中没有人性的经济变化过程早已注定了悲剧的发生。

孩子的捣蛋和牙牙学语也许可以使家庭得以幸存。但是工业革命把这些都带走了。曾经为广阔的农场带来帮助和欢乐的孩子们现在住进了拥挤的城市和狭窄的公寓里，变成了昂贵的麻烦。世界上工人的过剩使得老式的人口生产必须被遏制，以避免男性总是处于无知与贫困的状态。机器带来了工厂，工厂造就了城市，城市孕育了民主、社会主义和节育。节育并非出自大家的意愿，主张妇女有权适当减少生育的精彩论述也与此毫不相干，牧师和总统的劝诫也无法阻止其发生。在过去的一百年里，欧洲和美国的整个历史不得不通过转型来阻止这个结果。但是历史就像能量一样是不可逆的，即使它知道最终的命运，也必须走完自己的历程。

在城市里，孩子是一种奢侈品。不仅因为在那里五岁以下的孩子是不能工作的，而且家庭成员的增加还会加重房租的负担。还因为生育本身不再是一件普通的事，而是一个危险的过程。或是因为在工厂工作，或是因为缺乏家务劳动，现代女性在生理上要比她们的祖先脆弱。现代男性颓废的审美意识更是让这种情况雪上加霜，因为他们崇拜最苗条、最脆弱的身材。鲁本斯笔下的女性，或是像利蒂希娅·波拿巴这样的母亲并不符合我们时代的艺术家和城里男人的口味。他们判断美的标准是短暂的性吸引力而不是预示着可以做母亲的强健体魄。于是，女性生儿育女的能力越来越弱。她们尽可能地拖延生育，甚至不生。她们的丈夫在很大程度上也天真地附和她们，殊不知孩子所需的花费比看歌舞表演便宜多了。

然后那些被称为避孕药的器具使得这个循环得以完成，默默地助推了女性的解放。女性被解放，不再承担照顾后代的任务，就意味着她们因此也从家庭的最后一个任务中被解放出来。正因为照顾后代这个任务，家庭对她们来说才是有意义的，她们才不得不忍气吞声。现在她们走进办公室，走进工厂，走向世界。她们在商店里自豪地和男性并肩而立。她们和男性做一样的工作，思考同样的问题，讲同样的语言。解放在很大程度上是通过模仿来进行的。新女性逐渐染上了传统旧式男性的习惯，她们模仿男性抽烟、讲脏话、穿裤子，模仿男人的无知和发式。日常生活习惯的相似性使得男性女性化、女性男性化。工作、环境、新事物使得男女两性几乎毫无区别。因此，在这一代人中，有必要在两性之间划出鲜明的界限，以防发生令人遗憾的错乱。事实上，性别判断已经不那么确定了。

与过去的女性相比，现在的女性没有孩子，或是只有一个孩子，这代表了一种多么深刻的社会变化，尤其当我们回想起过去不孕不育对男女来说是多么可怕时，这种变化就更令人印象深刻了。直到我们这个世纪，女性受尊重的程度仍然和其养育的子女数量相关。女性的作用要么是做母亲，要么是做妓女，男人总是希望她们多多益善。无论是基督教的欧洲还是异教世界，每天都有上百万人向上帝祈祷，请求上帝赐予他们孩子。他们背诵玫瑰经，参拜神庙，抚摸圣石。玛雅人中那些绝望的夫妻会斋戒祈祷，向保佑多育的神奉献精致的祭品。有人问一个非洲国王他有多少个孩子，国王很沮丧地回答说：“不多，只有七十几个。”

为什么母性的画面总能触动我们的心弦，让我们热泪盈眶？因为在城市出现以前，我们需要大量的孩子，我们的感觉是对那种需求的自然反应。现在城市不需要那么多人口了，它可以用繁华的都市生活把农村里那些依旧有着旺盛生殖力的人的后代吸引过来。新摩洛神伸出双手，点亮了上百万五颜六色的灯泡，孩子们被吸引来了。每年都有数十万农村孩子来到城市，他们开始变得明智，不再生育。城市生活使孩子成了非必需品，女性因此被训练成妓女，不再是孕育生命的土壤。母性的温柔有时可以融化我们多疑冷漠的灵魂，它是田园式青春期的产物，那时女性还会时不时地养育孩子。当女性成长的条件改变或消失之后，这种温情还是会被保存下来。我们那个年代出生的、在广阔的田间长大的人，始终相信斯洛伐克的那句谚语:“没有孩子就没有幸福。”和创作新印象派画作、谱写现代音乐，或写几篇有关现代女性的文章相比，养活一个有着强壮儿子和善良女儿的家庭，是一项需要更多品格的成就，也更具实质性意义。

第十七章

现代女性与女儿

女性解放其实是经济发展的产物，并非出于女性的本意。所以从道德角度长篇大论地指责女性变成这样是很荒唐的。以此为前提，我们才能在一定程度上客观公正地看待女性。我们来审视一下女性吧。

工业社会的女性要适应瞬息万变的社会，要有灵活的头脑。虽然最近一项心理学研究宣称，大部分的智力技巧和习惯是天生属于男性的，但实际上男性只是略懂皮毛而已，这些技巧对女性来说就像涂口红一样容易。去观察一下到处可见的办公室女郎，她们可能在主动性上稍有欠缺（无关情色），但她们安静而有才华、耐心而有礼貌，她们谦虚地承担了办公室的大部分实际工作，这些是她们获得惊叹和钦佩的原因。而此时占据高位的那些男人则抽着烟，斜靠在椅子上，傲慢地四处探看。女性这个弱势性别群体通过一两代人的努力就取得了如此巨大的进步，她们在工业社会取得一席之地，涉足了除需要残酷体力劳动以外的各个领域。即使是老实的约翰 · 斯图尔特 · 穆勒活到今天，也会惊讶地发现自己当初对女性的期望还是过于保守了。(可以想象当他看见女交警在君士坦丁堡最繁忙的地区指挥交通时，会多么迷惑不解啊！[1]）女性对工业社会的渗入会有多深还难以预计。现在是女性的高超智力和对细节的掌控能力与男性的体力优势与大胆主动相匹敌的时候了。当电力消除了工业社会的污垢和肌肉劳损之后，即便是男性也必须变得更聪明，以保住其在经济世界的位置。

在政治领域，我们的女儿们就不会如此幸运了。毫无疑问，工业化的女性不得不加入这个可悲的游戏，以保护自己免受男性制定的法律的侵害和同时代的歧视。恶劣的男人们难道不是用上千种法律条文来保护其旧式特权，用上百条庄严的法律条款来巩固他们的权力的吗？这些都必须被废除，每条路都必须向女性开放，因为她们在突然摆脱了家务劳动、从两年一次的生育中解放出来之后富有余力。她们在争取解放的斗争中倾注了多么大的激情！半个世界都在迅速而勇敢地投入抵抗战争，并且从未被打败过。同一时期，英国和美国的无产阶层通过政治煽动，掀起了声势浩大、反对敌视与侮辱的起义，却一无所成。交战中男性的勇气被战争的喧哗与怒火淹没，男性无法与女性匹敌。她们争取投票权、敲开权力的大门，直到民主政治被迫接纳她们。五十年后，她们会意识到自己已经彻底被政治领域接受了。

一部分女性现在就已经意识到这一点。她们发现有了选举权并不意味着真正的解放，自由不在于政治，而在于思想。曾经只对造物主钟爱的继承人开放的学校，现在涌入上百万活泼快乐的女孩，她们为教室、宿舍和校园增添了色彩与魅力。现在的大学校园里女孩子随处可见，因为具备了

1.《蒙特利尔公报》，1928 年 4 月 2 日。

世界的文学和科学知识，她们的脸上呈现出新的庄重感；她们明亮的眼睛因为渴望知识而闪闪发光；她们健美的身体因为充实的生活而欢呼雀跃。也许是被她们的美貌蒙蔽，我们总是善意地评价她们洋溢出来的幸福和过度的轻浮。但是你听到过她们质问老师吗？当她们打破理论，按照自己内心的意愿改造世界时，你关注过她们吗？

教育会带来什么？现代女性的生活拓宽了，无数的新体验重塑了她们，教育是否和这些形成合力赋予她们智慧，使其能够应对这个不断变化的世界呢？思想和兴趣的多样化是否会瓦解女性本能的团结和智慧呢？在她们和犹豫不决的知识男性之间的持久战中，这些本能曾经发挥了积极的作用。女性的这些新智慧会不会使潜在的追求者感到不安而被吓走，使得受过教育的女性很难找到配偶呢？据说罗马公民很恐惧有学问的妻子。其实每个男人都这样，他不喜欢伴侣的智商和他旗鼓相当，他只喜欢比他弱势的女性，而女性也只喜欢比自己强势的男性。因此，如果一个女孩在知识和思想上的修养超过了她的自然魅力和装傻技巧，那么这些反而会成为其获得配偶的不利因素。她入侵了男性几个世纪以来的自留地。现在大概有百分之六十的大学毕业女性都没有结婚。[1]杰出的科学家索尼娅·科瓦列夫斯基抱怨没有男人愿意娶她："为什么没有人爱我？我比大多数女性付出的都要多，但为什么最微不足道的女人都有人爱，而我没有？"[2]一个聪明的女孩会在为时未晚的时候把自己的聪明才智隐藏起来。

女性大约用了五十年的时间证明了两性之间的智力差异更多是因为环

---

1. 安德罗·齐格弗里德：《美国的成熟》，第111页，纽约，1927年。

2. 霭理士：《性心理学》，第6卷，第141页，费城，1910—1911年。

境和工作，而不是不可改变的天性。这就意味着由于时代和风俗习惯的束缚，女性不可能在短时间内就克服智力上的不足。她们的文化发展方兴未艾，背后也没有悠久的传统和动力作为支撑。她们既没有伟大的楷模可以激励其自信，也没有可供其参考的成长典型。只有到了我们这个时代，女性才获得了和男性差不多平等的受教育机会，然而多年来大学里的男女比例仍然远低于男女的人口比例。也许现代社会流行低生育率，但为人母还是占用了女性大部分的精力。她们可能还是把为人母看作自己最重大的成就，因而乐于将诸如文学艺术之类的附带性职业拱手让给那些娘娘腔的男人。也许她们发现这世界上还有比文字更重要的东西，有知识和有智慧还是有区别的。

与此同时，现代女性的身体有没有发生什么变化呢？她们走出家庭进入工厂之后，身体有没有发生质的变化呢？这是很有可能的。她们看上去似乎不如务农或操持家务的祖母那么精力充沛和健康。她们肤色苍白，因为无法承受长期的无助和痛苦而不能怀孕，这让原始社会的妇女都蔑视她们。但这就是我们需要面对的现实。男人在离开田地之后也失去了旺盛的精力。现代人的头脑更警觉，可以充满自信和相对安全地操控复杂的工具和车辆。但是现代人的身体却连过去的日常压力和负担的一小部分都无法承受。

我们当代的女性尽管有各种小毛病，但是仍然保持着足够的美丽，以至当她们经过时会令哲学家感到头晕眼花。但我们也不能对她们的这些狡猾伎俩过于赞赏，她们依靠这些伎俩保持着自己的性魅力，而过去几个世纪里同龄的女性已经进入衰老的第一阶段。过去女人一到四十岁就年老色衰，比较可靠，而今天再没有比四十岁的女人更危险的了。从上述观点出发，口红和胭脂也可以理解为艺术和文明发展的附属品，但显然天然本色要比涂脂抹粉更可贵。

也许当代女性这种美丽的弱点和身体的衰弱只是正在过时的表面现象而已。在一个以电为动力的世界里，工厂如同过去的家庭一样干净。城市将会扩张，人类将重新呼吸到新鲜的空气。随着徒步旅行、网球和篮球的兴起，现代女性被都市工业夺走的红晕会重新回到脸上。紧身裙的束缚正在被取缔，现代女性的身体从厚重的服饰中大胆地走出来，这种穿着一度也成为婚姻生活的障碍。除了裁缝，短裙对全世界来说都是一种福利。短裙唯一的坏处是导致男性想象力的萎缩——也许女人的漂亮正是因为男人的幻想。总而言之，新女性使现代生活变得多姿多彩。自由带来的刺激使女性变得活泼快乐。我们中的一些人还难以适应短发（尽管自古就有）和女式香烟，但接下来的这代人对这些表面变化会毫不介意。任何事情只要是漂亮的女性坚持不懈地做的，对正常男性来说都是非常有吸引力的。习惯形成道德，也产生美。无论是老妇人们抽着难闻的烟斗的过去，还是老妇人们调着情、年轻女性把烟圈吹进情人眼睛里的现在，历史的车轮都会毫不迟疑地滚滚前行。抽烟对身体有害，却能令人心情愉快。如果人们宁可要一个短暂而快乐的生活，他们为什么不能按照自己的意愿选择呢？怎么就能肯定寻欢作乐的生活一定比智慧地生活更不英明呢？

但是我们该如何评价被称为现代舞蹈的震颤性谵妄呢？它是女性还是神经质的男性发明的呢？当性感的华尔兹代替了贵族时代的旋转，我们的祖先会不会也和我们现在一样在道德上怒不可遏呢？[1]对于女性日益精湛

---

1. 缪塞：《一个世纪儿的忏悔》，第 112 页，纽约，1905 年。

的抢劫、谋杀和政治的温柔手段，我们又该如何评价呢？近日，巴尔的摩一份著名的杂志[1]上登载着：“一位身份不明的男子被送入这里的一家医院，情况危急，身受重伤，据说他在赫洛克地区的树林里受到三个女孩的袭击。当时这名男子正在步行，开着车的女孩表示愿意载他一程，他接受了。他说，车行驶了一段路后，女孩们把车开到了一条僻静的小路上，随后开始了爱抚派对……其中一个女孩对他缺乏热情很愤怒，就开始扭打起来。两个女孩抓住他，另一个用帽针刺他。女孩们把无助的他扔在地上后逃跑了。”看到这则新闻之后，我们还要怀疑女性是否得到了解放吗？

看来赫胥黎说得对：“女人的美德是男人最富诗意的幻想。”女性其实一直充满热情，但是过去她们刻意隐藏了起来，因为她们认为绅士更喜欢端庄的女性。而现在，男性似乎更乐意回应那些不检点的女性。现代女性在身体上和心理上都比较率性，但这只能短暂地吸引男性的感官，而无法吸引他们的灵魂。成熟的男性会对此报以寻欢作乐的态度，而只会爱那些缄默含蓄的女性。毫无疑问，如果男性不成熟、乱交，不懂得长相厮守和彼此忠诚，只知道肉体的吸引，那么必须采取些特殊的措施唤醒他们对婚姻的兴趣。但是在感情不稳定的情况下提出合法结婚，往往会使感情不堪一击，就如同对婚姻的习以为常会使热情的火焰很快熄灭一样。萧伯纳说错了，婚姻不是吸引力最大、时机最成熟时的产物。时机可能依旧成熟，但吸引力很快就会降到最低。

---

1. 引自《圣何塞水星报》，1926年3月。

第十八章

现代女性与女家长制

现代工薪阶层女孩忙忙碌碌地工作着，充满了活力与自由，光彩照人；而现代已婚的中产阶层女性生活优越，致力于公关、购物和社会改革事业，相比较而言，前者更令人赏心悦目。

让我们用外国人的眼光来观察一下自己。凯泽林伯爵说："在美国，丈夫们像东方旧社会的妻子那样受到压迫，他们的心理衰退也相应变得越来越明显。"他补充说，美国女性正在变成没有乳房的亚马孙人，她们制造了一种冷酷、刚硬、没有灵魂的形象。但是伯爵第一次看到美国人时希望看到的是什么？[1]提出这些观点的人有着勃兰登堡贵族的背景，所以我们在接受时要打点儿折扣，但这也足以告诉我们一个事实，那就是男性正面临着被驯服的境地，他们迫切需要一个苏珊·布朗奈尔·安东尼。所以毫无疑问，很快就会出现一妻多夫制，善于掌控的女性会把勤劳的男性当

1. 赫尔曼·凯泽林伯爵：《欧洲》，第66、第67页，纽约，1928年。

作自己的后宫，并交由那些忠诚无贰的女宦官看管。也许将来我们人类会像蚂蚁和蜜蜂一样有三种性别，一些女性专门繁殖后代，其他人则完全投入经济活动，男性失去欲望，女性失去生育能力。进化论告诉我们，没有理由把将来局限在过去。

这种角色转换是如何发生的？据推测是由于身体上的优势。[1]女性的服从主要是基于男性的体力，他们居于主宰地位，因为最终男性总会毫不迟疑地打败女性。现在男性依然可以打败女性，但是为什么他们放弃了这种古老的习俗呢？这变成一个微妙的哲学问题。一种原因也许是与日俱增的道德感使得男性羞于诉诸这种最后的手段。另一种原因是女性从性欲中获得了更大的自由，在予取予求中占据了战略性地位。第二个原因的背后隐藏了一个主要的经济事实，那就是现代事务的复杂性对智力要求越来越高，而对体力要求越来越少，从而摧毁了纯体力的权威性，剥夺了中产阶层男性相对于妻子的唯一优势。这使得女性高度的敏锐性和坚忍不拔胜过了男性的胆怯、敏感和倦怠。但是体力的权威仍然存在于工人阶层中，男性依旧是家庭的主宰，女性带着报复心理挣钱养活自己。

结果我们看到的就是寄生虫式的女性。工业社会使女性摆脱了家庭，摆脱了家务的劳役；避孕药、护士和女仆使她们摆脱了生育的负担，她们的手脚、头脑和心灵因为空闲而焦躁不安，就像一片沃土亟待播种一样。因为做得越来越少，女性自然而然变得越来越懒，就连那些曾经让她们成为参与者而不再是玩偶的工作，她们都不乐意做了。

在这里，我无意冒犯那些在家里或在商店里辛勤工作的女性，她们是

1. 约翰·斯图尔特·穆勒：《论妇女的屈从地位》，第 4 页，伦敦，1911 年

人类生活和人类贵重物品的生产者。这里指责的是那些利用美貌通过婚姻关系或非婚姻关系牟利的女性；那些用爱情来换取奢侈品和华服的女性；那些整日睡觉、穿衣打扮、扑粉、卷发，晚上醉生梦死的女性。现代生活的各种场景中，最令人生厌的就是这些女性铺张又懒惰。她们孩子很少甚至没有孩子，但是需要很多仆人；她们本身一无是处，却又贪得无厌。她们最擅长的就是无事生非，结果使男性不得不任劳任怨地工作，同时又痛苦地意识到自己的意义仅仅等同于一个小卖部的售货员。

今天的女性是等着被娶的，这和从前大不一样，很大程度上是由那些寄生阶层的错误导致的。因为这样的女性能给予丈夫的很少，可能还不如他短期多元化的投资安全。对一个爱挑剔的单身汉来说，在这样的状况下，婚姻似乎不再是一个成熟男人所要实现的目标，而只是一个文明旷日持久的自然主题再现，就如同我们在昆虫世界看到的那样，当雄性还沉溺于爱情的纠葛时，雌性已在不知不觉中吞噬了它。男人们眼睁睁地看着女性到后来完全不事生产了，所以无怪乎当他们一想到婚姻生活里的这种黄金债券就想溜之大吉。女人们一旦找到丈夫就公开地榨干他们，使得本想猎艳的男性宁可隐居起来，以致上百万的女性不得不孤独终老。这就是我们这个时代的邪恶畸形所在，这一切并非活力充沛的年轻人的短发或短裙造成的。

我们希望这只是转型时期的特殊情况，只是旧秩序正在消亡、新秩序慢慢形成的过程中，思想与道德、政治与艺术领域出现的暂时性混乱，并且这不是因为我们的悲叹和争论引起的，而是因为人类的冲动需要在当下工业都市社会崭新的人工条件下进行试错调整。青春期的延长导致了婚姻的延后和道德准则的改变，也许这只是微妙地预示着人类将要达到一个更高的层次。因为在人类历史上，青年期的延长以及随之而来的教育培训阶段的延长，是人类进步的重要方式。正如道德家所说，也许我们并不是在目睹一个文明的终结。我们这些独特的、不正常的人只是少数，只是神经质和病了而已，我们注定会因不孕而灭绝。在我们周围和之后，大部分都是简单的人，他们会结婚生子，他们的子孙后代将在地球上繁衍。我们完全有理由相信，这些子孙后代会继续带领世界前进。我们盲目的试验可能会建立起一种新秩序，形成一种新的稳定的行为和思考方式，从而让人类建立在更高的层面上。

PART 4

第四部分

婚姻

第十九章

婚姻的演变

现在我们来谈谈婚姻。大概像萧伯纳说的那样，人们在婚姻问题上的胡说八道远甚于世界上的其他话题。婚姻和爱情一样让人变傻，而且毫无理由。关于这个问题，即使是最脱离实际的知识分子也认为意识对两性关系的影响是有限的（这个词可能用得不是非常精确）；经济变化凌驾于哲学和道德之上；思想所能做的至多就是分析变化、预测发展和结果，找到一些智慧的办法调整行为方式，以保护个体和种族。在这些事情上，说教无益、理解万岁。

身处大机器时代，我们忽略了一个事实，那就是生活中最基本的现实不是政治，不是大工业，而是男女之间、父母和子女之间的人际关系。所有的生活都围着爱的两个焦点转——配偶之爱和母爱。回想一下那个叛军少女的故事，当她的爱人（在1917年12月的莫斯科起义中被杀害）在“红色葬礼”上要被埋葬时，她跳进坟墓，扑倒在棺材上，抱着爱人哭号道：“把我也一起埋葬了吧，他死了革命对我来说还有什么意义啊？”她可能一时被迷惑了，认为他是独一无二、不可替代的——在这点上我们如此相似，因为心碎时的想法和誓言都是同样的非理性。然而凭借着女性与生俱来的智慧，她们知道密西西比河畔的交配、生育、死亡才是人类生活的主流，与此相比，声势浩大的革命不过是过眼烟云。尽管她们可能永远找不到合适的词来表达，但她们心里很清楚，家庭比国家重要，奉献和失望对心灵的冲击远比经济冲突深刻，最终我们的幸福不在于财产、地位或权力，而在于爱的赐予和回报。

婚姻的意义是什么？如果我们能够发现它的起源，或许就能更好地认识它的意义。海星虽是最低等的动物之一，但已经会伸出触须和腕保护自己的受精卵和刚孵化的宝宝。这是大自然最重要的现象之一——亲代养育的开端。一般来说，在动植物世界，物种不是通过母亲的养育而是通过大量的、浪费性的繁殖来保存的。花朵必须使周围的空气充满花粉才能吸引昆虫来为它和它那素未谋面的配偶充当信使。众所周知，小小的血红色红球藻凭借其繁殖能力可以使北极的景色一夜之间从雪白变成鲜红。牡蛎有着五月花般的繁殖能力，它们可以产下上百万粒卵，然后以特有的冷漠态度让它们自生自灭，其中一些卵会发育，但大多数会变成别人的口中餐或被当作普通垃圾处理掉。

正如我们看到的，大自然慢慢发现并发展了亲代养育，替代了原来那种奢侈浪费的繁殖方式。从最低等的脊椎动物到最高等的人类，随着种属、物种、品种、种族、民族、阶层和个体的不断发展，产崽儿数、产卵数、家庭的规模都在缩小，而亲代养育逐渐增强。最后发展成了婚姻。婚姻不是为了成全爱情，而是为了将配偶双方永久地捆绑在一起共同抚养后代，提高生命的质量。

这不是人类特有的现象。有些鸟类比人类更忠贞不贰。德·克雷皮尼描写婆罗洲的猩猩："它们以家庭为单位生活，在树上筑起宽敞的巢。据我观察，巢穴主要供雌猩猩和幼猩猩居住。雄猩猩在同一棵或相邻的树杈上过夜。"韦斯特马克把大猩猩描述为："按家庭生活，雄性家长负责筑巢、保护家庭；黑猩猩也是如此。"萨维奇说："在大猩猩家族，常见的一幕是，老猩猩们坐在大树下吃着水果闲聊，孩子们在它们周围上蹿下跳，从一根树枝荡到另一根树枝，喧闹嬉戏。"[1]

自然选择逐渐淘汰了那些不善于照顾后代的物种，而那些有着亲代养育本能的幸存者得到了发展，个体和种族的数量不断增多。据说母猿会因为幼崽的死亡而悲痛欲绝。有一种母猿会连续几个月都单手抱着她的孩子。[2]在人类身上，母性冲动变成一种主宰性的激情，甚至比爱情更强烈。哪个母亲会像爱自己的孩子一样爱丈夫呢？原始人类的母亲会哺育自己的孩子十二年。在新赫布里底群岛的一些部落里，一些母亲会在死去的孩子坟墓边自杀，以便去天堂照顾他们。[3]人类历史上最不可思议的就是一个女性的自我会完全转移到孩子身上。

伴随着亲代养育的强烈冲动，一种重要的、占支配地位的结构——家庭产生了。家庭的起源在于孩子们强烈的无助感，在于孩子们出生后对发展和训练的强烈需求。动物的进化主要是生理性的——关系到新器官的生长。而人类的进化主要是社会性的——关系到不断积累的科技和文化遗产

1. 韦斯特马克：《人类婚姻史》，第 14 页，伦敦，1894 年。
2. 威廉 . 麦克杜格尔：《社会心理学》，第 70 页，第 13 版。
3. 克鲁泡特金：《互助论》，第 101、第 89 页，纽约，1902 年。

的代际传递。大自然发明家庭是约束男性服务于女性，女性则天然地服务于孩子。因此男人天生就是女人的奴隶，女人天生又是孩子和种族的奴隶。这种自然的奴役状态里隐含着家庭最深刻和最持久的内涵。

然后我们就理解了，婚姻不是为了使欲望合法化而在男女之间形成的一种关系。婚姻是父母和子女间的关系，目的在于保存和壮大种族。如果婚姻只关涉个人而不关涉种族，那么它不会成为人类习俗和法律的首要关注点。如果只是为了规范男性对女性的爱，国家又何必如此细致而大费周章地立法呢？若非婚姻是所有制度的根本，是人类生命长河的守卫者和补给者，国家又怎么会有那么多的发证机关、结婚仪式、离婚法庭、道德规劝和戒律呢？很明显，上帝知道婚姻不是为了配偶的幸福，而是为了生儿育女。[1]原始社会人类的平均寿命非常短，因而没人思考个体性问题。只有到了现代社会，随着人类寿命的延长，人口产生过剩（违背供给规律的商品），生育减少到一定的程度，并不再是婚姻的唯一内容，个人才开始质疑自己婚姻的幸福是否真的不能与人类的延续和进化相提并论。在这个个性化的时代，对婚姻的反抗已经成了当前一股不可抵挡的潮流。

随着种族利益的不断拓展，婚姻也随之进化。从目所能及的历史看，个体选择配偶的自由是严格受到社会需求制约的。最初的一些性禁忌是防止父母和子女之间的交配，然后是兄弟姐妹之间的交配，逐渐地扩展到要求异族通婚，即禁止同部落男女结婚。早期的社会学家，如刘易斯·摩尔根倾向于把这些禁忌归结为原始人认识到近亲交配的弊端。随后摩尔根的学生们，如韦斯特马克和埃利斯等，讽刺性地将这些禁忌归因于熟悉的男

1. 参见雪莱，“再没有一种制度比婚姻更刻意敌视人类的幸福”。——《麦布女王》注释

女间容易互相轻视。但我们不能就此武断地认为我们野蛮的祖先没有能力建立自己的社会学体系。也许他们在约束个体行为的时候，头脑中已经有了种族意识。

婚姻也会随着经济关系的变化而发展。在游牧时代，男性作为强壮的猎人会到其他部落抢婚，他们把美丽的少女从帐篷中抢出来，像掳奸萨宾妇女[1]一样将其带走。后来随着财富的增长、和平的增强，道德提升了。男性不再靠武力得到女性，而是向心仪女性的父亲赠予珍贵的礼物或提供长久的服务来换取，买卖婚姻代替了抢婚。今天的婚姻制度是抢婚和买卖婚姻的奇怪组合。

早先时期，征战不断，危险重重，男性比女性更早面临死亡。一夫多妻制是幸存的男性为了照顾数量远大于己的女性而做的一种粗俗的尝试。由于女性照料孩子需要花很多年时间，在孩子断奶之前只能暂时放弃婚姻生活，因此男性发现有多个伴侣可以很方便地满足自己的需求，而且一夫多妻制生育的小孩数量比一夫一妻制多。充足的后代对一个永远遭受着意外、疾病和战争折磨的民族来说是一种祝福。

但是随着战争不再那么频繁，生活和健康变得越来越有保障，女性数量上的优势降低了，一夫一妻制应运而生。这对孩子来说是好事，因为他们可以得到父母双方的照顾，得到专注的爱，而且因为嗷嗷待哺的少了，他们就有了更充足的食物。一夫一妻制对男性来说也有好处，因为他可以把财产集中起来建立一个家庭，而不用像撒种子般把财富分散给一大群子

---

1. 源自罗马神话，罗马城初建时因缺少妇女生育后代，罗马人便以发现古代遗迹为名举行庆典邀请邻邦萨宾人参加自己的宴会，与此同时悄悄打入萨宾城，抢走许多年轻美貌的萨宾妇女。——译者注

孙。他发现自己仍然可以自由地满足自己私密的多样化欲望，而同时又能用习俗和权力来保证妻子的忠诚，以确保他的财产传给他亲生的孩子。最重要的是，撇开这种双重标准（根源于遗产制度）不谈，一夫一妻制对女性也有利。它解决了嫉妒问题，而这恰恰是一夫多妻制混乱不堪的原因之一。它至少给了女性一个和男性生理上平等的机会，使女性有可能通过这种适度的杠杆作用来推动和改善这个世界。

婚姻史上的其他部分就是女性和财产、财富和爱情之间的斗争了。有人可能认为随着财富的增长，男性毫无疑问会在配偶的选择和支配方面占主导地位，而女性作为生育继承人的机器和奴隶的经济实惠替代品的作用则居于从属地位，这种情况将在人类习俗中根深蒂固地建立起来。但事实恰恰相反，财富带来教育，教育抚慰了男人野蛮的心灵。经过几个世纪的进化，人类最简单的肉欲在更广泛的意义上被浪漫之爱替代了。

通过婚姻谋利的现象现在依然存在，在许多国家，女孩仍然由父母做主嫁给一些隐形的百万富翁。但是在英国和美国各地，买卖婚姻日益衰退，游吟诗人歌颂的自由爱情获胜了。慢慢地，曾经因为男性的野蛮而被迫变得温顺的女性，开始用其温柔来软化男性的野蛮。她们用女性特有的温柔和母性的奉献使男性逐渐脱离兽性，教会他们寻找和发现女性身上的某些特质，这些特质没有诱惑他们进一步变得那么实在和肉欲。渐渐地，文明在欲望的物质基础上建起脆弱而珍贵的上层建筑——诗情画意。

我们也可以从别的角度了解精神之爱精彩如画的发展历程，从中世纪歌手的圆舞曲，到《克拉丽莎》或《新爱洛伊丝》的不朽情感，再到那些致力于满足 19 世纪浪漫欲望的小说。谁能说清这汪洋般虚构的文学作品究竟在多大程度上可以抹去现代爱情粗俗的一面，使得对精神伴侣的渴望成为现实？这种渴望最初可能只是成熟的处女和富有想象力的男性的安慰式幻想而已。当然，罗曼蒂克的爱情已经变成现实：年轻人的青春期在洋溢着真诚的十四行诗和情歌中绽放；男人会跪在女人面前，鞠躬亲吻她的手，他们爱上的不仅仅是女性柔软舒适的身体。他们会为博美人一笑不惜生死决斗；会在奉献的狂喜中激情创作；最终会带着自己引以为傲的财富拜倒在这些脆弱生物的石榴裙下，而她们只能依靠美貌和敏感凌驾于男性之上。当许多人心中的欲望转化为奉献而不是占有时，当男人以无限的忠诚向女性求婚，做出至死不渝的承诺时，婚姻就发展到极致，从野蛮缓慢走向爱情的顶点。也许以后我们再也不能完整地认识婚姻的来龙去脉了。

第二十章

婚姻的崩溃

现在是机器时代，世事皆在变化。虽然社会安全有所增强，但个体安全感却在减弱。物质生活比以前更安全，但经济生活却受到各种错综复杂事情的干扰，以至人们每天都过得提心吊胆。年轻人比以前更勇敢、更自负，但物质上的无助和经济上的无知也达到前所未有的程度。爱情来临了，但是年轻人发现口袋里空空如也，不敢结婚；爱情又来临了，但随着岁月的流逝已经没有以往那么强烈，而荷包还是不够丰满到足以结婚；又经过几年，爱情再次来临，此时爱情的新鲜感和强烈感只剩一半了，现在荷包满满可以结婚了，这时的婚姻是在庆祝爱情的死亡。

城市里的姑娘们已经厌倦了漫长的等待，她们多半进入成熟期，陷入一种既脆弱又爱冒险的境地。她们身上有股可怕的冲动，觉得可以通过施展性偏好或性魅力来引人注目、获得消遣，得到除了结婚戒指以外的所有东西，诸如长筒丝袜、香槟之类。有时候女性的行为自由是其经济自由的外化和反映。女性不再依赖于男性，也可能正因为如此，男性越来越不情愿娶一个和他一样懂得谈情说爱的女性，但是女性丝毫不在乎。女性赚钱的能力也使得潜在的求婚者望而却步，他那微薄的工资如何能够维持他们现在的生活水准？

当最终有人向她求婚时，他们就结婚了。因为双方都老于世故，所以并没有在教堂举行婚礼。他们也没有什么宗教信仰，那些建立在已经被抛弃的信仰基础上的道德准则对他们并没有心灵的约束力。伴随着市议员的念念有词，他们在某市政厅的地下室里结婚了（颇有政客的味道）。他们似乎不是在许下神圣的诺言，而是签订了一份商业合同，一个双方可以随时选择结束的自由买卖。既没有神圣的仪式，也没有庄严的誓词；既没有赞颂的乐曲，也没有发自肺腑或欣喜若狂的深情，能够使他们的诺言在记忆中留下深深的烙印。他们笑着接吻，打闹着回家。

其实他们也没有真正的家。没有农家小院等着迎接他们，既没有掩映在芬芳草地和绿树成荫中的凉亭，也没有可以让他们亲手栽种美丽鲜花和甜美果实的花园。他们只能把自己小心翼翼地藏在牢笼一样狭小的房间里，因为待不了太久，所以他们也无意按照自己的喜好去装饰和美化它。家是需要经过几十年经营才能形成的形式与心灵的共同体。而这样的住所只是一个纯粹物质的东西，就像避难所一样生硬和冷冰冰，无法成为心灵的归宿。这种住所往往矗立在闹市区的钢铁水泥森林中，那里没有春天，没有新生事物，只有绵绵不断的雨水；那里的秋天没有彩虹、没有染色的树叶，只有倦怠和忧郁的回忆。

这样的家让女性感到非常失望，她们无法忍受日夜面对着四堵墙。她们很快想尽办法逃出去，直到黎明才回来。男人对这样的家也很失望，他们在家里没有舒适感，也感受不到这是自己一钉一锤建造或重筑起来的家。

慢慢地，他们感到住在这里和冥思苦想的单身汉时期没什么差别，和妻子的关系也平淡无奇，就像过去和身边那些无可挑剔的女人相处差不多。家没有给他们新鲜感，也没有新生的东西。没有婴儿的哭闹声打破夜晚的宁静，也没有孩子们的欢笑使白天熠熠生辉，更没有胖乎乎的小手伸出来欢迎他们回家，天真无邪地慰劳他们一天的辛苦。孩子能在哪儿玩呢？他们怎么负担得起在城市里多一个房间，负担得起孩子所需的长年看护和教育费用呢？爱情好的一面是让人慎重，因此他们决心直到离婚都不要孩子。

这样的婚姻不是真正的婚姻，只是一种性关系而不是为了生儿育女。这样的婚姻会因为缺乏根基和营养而衰败，会因为脱离了人类生活的本质而死亡。人们把自己碎片化了，成为一个个独立的个体。爱情的利他主义变成了利己主义，还会因为要掩饰而恼羞成怒。喜新厌旧的自然欲望反复出现，如果两个人太熟悉，就会滋生出轻视，就算女性再多变也给不了男性新鲜的东西。

因为没有孩子，他们可以为不和谐找出各种理由。“亲爱的”这个一度让他们在听到和说出口时都感到激动不已的词，变成了最廉价的词语，随口说说，毫无意义。妻子们哀痛那逝去的往日温柔，因此在家里变得不修边幅，不注意自己的身材、穿着和言谈举止，而这些恰恰是过去吸引男性，让他们感到女性比自己更耀眼、更高雅的地方。如果夫妻性生活不和谐，那就更成了不可逾越的鸿沟，因为婚姻在他们看来是一种纯粹的性关系。贫困的夫妻之间，男人会抱怨自己负担太重，女人则沉溺于对威尔士亲王的幻想。富有的夫妻之间，爱情与婚姻则成为一种虚伪，会和贪婪与恐惧的自私自利发生矛盾，一旦爱情不再卿卿我我，围绕着金钱的争吵就开始了。现代派的夫妻会在婚姻中保持平等，然后互相拔河较劲，直到一方占据主导地位，定下恼人的奴隶制度。如果妻子很空虚，不知如何打发时间，这时恶魔就会找上门。他们以为养不起孩子，但后来发现，正如巴尔扎克说的，“任何事都抵不上以牺牲家庭为代价”。如果夫妻一方有很多朋友，另一方就会心生嫉妒。如果双方都没有朋友，那么他们不得不彼此依靠，陷入一种无法逃避却又单调乏味的亲密关系。在占有和好奇的激情面前，人格所必需的自由消失了。灵魂找不到一个安身之所来和平而独立地进行自我修复。爱情本就是一场战斗和追逐的游戏，现在变成了一场战争，夜晚的拥抱也不过是短暂的停火而已。

解剖学上的解释也为爱情的幻灭推波助澜。男女双方不约而同地发现爱情的阵阵升温主要不是为了他们的快乐，而是为了人类的延续。大部分女性发现自己从女神变成了厨师，除非她百里挑一遇上了一个温柔的丈夫，才能使她从厨师变成女神。女性能感觉到男性更倾向于一夫多妻制，因此不能过于信任男性，所以她们总是用猜疑的眼神观察着自己的丈夫。她们能感觉到丈夫的注意力不再聚焦于她们，连做爱都是心不在焉地按时完成。男性对自己的妻子、对作为同事的他人之妻都不再抱有遐想。他（和她）知道距离产生美，新的总被误认为是美的。从女性角度看，由于没有孩子和无所事事，她们也开始渴望陌生的面孔或场面，想要重获迷人的奉承。双方都不是有预谋地去私通，他们只是渴望“生活”。突然之间感官征服了理智，忠诚溜走了，怀疑接踵而来，原本非常复杂、难以找到借口妥善解决的状况，反而因为私通被最终发现时的愤怒简单解决了。

他们顺理成章地离婚了。起初他们出现在家庭关系调解法庭上，悲哀地等着其他家庭悲剧上演完，然后夸大其词地形容对方有多残酷，曾经互为理想对象的两个人恶言相向，可能会和好一会儿，但很快又开始憎恨对方，因为只有爱过的人才会有恨。很快他们就自由了，抛弃了婚姻就自由了。离婚以后，他们又可以从头来过。但情况和以前差不多，结局又会有什么不同呢？

人们结婚一年比一年晚，分居一年比一年早，忠诚似乎不再被崇尚。男人只能和女人共患难，而不会同富贵。白头到老的婚姻如处女般凤毛麟角。但离婚的人其实只占婚姻不幸福者的一小部分。不要去追究有多少人想离婚却不敢提出来，或是有多少人提出了离婚又被拒绝了。不要去窥探这些人的内心——我们从中发现不了什么：也许是因为感到耻辱而不敢离婚，也许是因为用冷漠替代了爱，也许是用欺骗替代了忠诚。也许这些人的内心也是痛苦万分的，婚姻的崩溃令人震惊，但我们必须勇敢地面对。婚姻的崩溃对那些思考代际问题的政治家来说、对那些认为爱情可以天长地久的恋人来说，都是一种挑战。

第二十一章

婚姻的重建

世事都是说易行难。对于前人都三缄其口的事，我们还能说什么呢？还有什么妙计是没有试过而有必要推荐的呢？我们可以给出什么良策而不是往伤口上撒盐呢？

也许我们应该放弃这个问题，用古老的基督教话语来说：关上逃离之门，罪犯就会忘记被困牢笼。如果婚姻是为了孩子和人类，而不是为了个人和配偶，那么为了孩子也要让婚姻牢不可破。以上帝的名义结合在一起的就不应该人为地分开。毕竟人与人之间的差别并不是很大，如果我们不能和配偶相处得很好，那么很快会发现和别人相处也很困难。如果人生来不是为了享福，而是为了受苦，那么让他结婚，并保持缄默。

但是年轻人不成熟时立下的誓言就不能解除了吗？当两个人的爱已经变成了恨，难道还要为了生活非把他们绑在一起不可吗？没有最优选择，只有两难境地。现在孩子少了，父母不必因为孩子的出生或抚养而放弃自己的事业。低等生物界只能听任大自然的随意安排，但我们人类可以为配偶多考虑一点儿。如果是考虑到女性生了很多孩子就会在中年时筋疲力尽，因此而要她们牺牲一辈子的事业，这是十分荒唐的。种族质量的提高取决于其成员牺牲数量的减少。类相对于个体的优越性体现在类可以生产出更强大的个体，否则“类”就只是一个名称和抽象概念。中世纪的婚姻理论属于前唯名论时代。

在我们的个人主义时代，出现了一个相反的理论。这个理论很有趣，但也很极端,名字很吸引人,那就是“自由性爱”。既然誓言总是会被打破，那为什么还要许下誓言呢？既然婚姻总是要散伙的，那还千方百计地结婚离婚干什么呢？如果爱情是婚姻最好的动机，那么爱情的死亡也是离婚的充分理由。如果爱是不自由的，谁能真正去爱？让那些试图重新焊接我们灵魂的自负的法官歇歇去吧。让相爱的人带着对誓言的诚实和敬畏之心结婚。如果爱消失了，也不要阻碍他们去寻找别的爱人，让他们去重觅爱情和青春吧。

用自由性爱来解决婚姻问题的办法一年比一年流行。我年轻的时候有报道说，1921—1922年结婚率下降了百分之二十五。人们认为这是由非婚家庭的流行导致的。要不是因为女性对男性持续的经济依赖和婚前的精神依赖，使得男性不得不忍受女性的突发奇想，这种自由的结合方式恰好为人们提供了冠冕堂皇的借口来逃脱当下道德准则的困境。经期的身体不适以及怀孕的可能，降低了女性的赚钱能力。自由性爱对男性完全有利，对女性来说，除非能够以安家、得到相当长久的保障为回报，否则就是一个大冒险。因为女性的屈服，现在她们在男性眼中的地位下降了，当然这种感觉也在不断变化并日渐式微。而男性就是一个斗士，或者喜欢把自己想象成一个斗士，他们会假装反抗，其实是乐在其中，是在凸显他们的胜利。当他们完全获胜时，就会开辟新的领域寻找辉煌。当前人们的观念在不经意间有了变化，男人喜欢选择那些从未属于过其他男人的女人作为永久伴侣。他们也乐意和那些经历丰富的女人短暂交往，但不会把她们当成合法妻子的人选。男人似乎接受了魏宁格的野蛮判断，即女人的性情要么是一个母亲要么是一个荡妇。男人怀疑，一旦婚姻的新鲜感或生儿育女的负担消失，那些爱邻居如爱自己般的女人容易恢复滥交。但是男人从未把同样的判断标准加诸己身，他们认为自己在多情和专注之间可以游刃有余，完全不违背对妻子的宠爱。男性被占有欲而不是理智驱动，他们的想法回到了买卖婚姻普遍流行的古代。就好比在市场上买东西，他们可不情愿花大钱买二手货。男性对女性的看法和《十诫》对女性的看法如出一辙。

所有这些都将被改变。也许当女性经济完全独立、避孕药可以把性交和生育明确区分开来时，男性就会用同样宽容的标准来对待自己和女性，那时我们古老的道德准则肯定要走向终结了。但是在漫长的转型过程中，女性还将忍受男性粗鲁的自私自利和不负责任。自由性爱是男性的性爱自由，其实是解放了的女性掉进了更为解放的男性设下的圈套。总有一天，女性会成为自己生活的主人，即使做了母亲也不会听任天性滥交的男人摆布。也许在遥远的将来，我们会找到一种照顾孩子的方式，并不需要把男人和怀了其孩子的女人捆绑在一起。到了那时，自由性爱才能使所有人感到快乐，才能成为人类最终解放的理想状态。在那之前，我们最好还是遵守法律。

普通大众往往会把自由性爱和同居试婚相混淆，人们用种种令人瞠目结舌的方式表达了对它的狂热。但是当我们发现勇敢的主角们把同居试婚定义为“合法的婚姻，合法地节育，无子女夫妇有权经双方同意离婚，并且通常不需要支付赡养费”时，同居试婚似乎也不那么可怕了。除了关于赡养费的苛刻条件外，同居试婚和一个体面家庭的生活实践毫无二致。在没有孩子的情况下，两相情愿的离婚要比夹杂着阴谋诡计或背弃的离婚好得多。同居试婚让人感到恐惧的是它彻底确立了两性平等。那些奢侈的中产阶层妇女很快就把性仇恨发泄到疲惫的男性身上。婚姻的结构改变了，它不再容忍不事生产的女性，因为她们不过是昂贵家庭里的装饰品和恐惧来源。男人邀请他们时尚的妻子一起挣钱一起花。同居试婚情况下，女性一直要到临产才会停止工作。这里的潜台词就是女性必须获得完全解放：即女性必须从头至尾都为自己买单。工业革命带来的结局既合乎情理又冷酷无情：女性和其丈夫一起去工厂上班，而不是百无聊赖地躲在闺房里，迫使丈夫去挣双份的工资来平衡她们经济上的无收入。女性在劳动和报酬、权利和义务上获得与男性同样的平等，这就是解放。

值得称赞的是，男性敢于挑战正统，为现代婚姻的顽疾提供了一个特殊的治疗方法。但是同居试婚计划中还有一些冷酷无情的成分，只要女性和男性在经济和道德上还不完全平等，就会有种挥之不去的想法认为同居试婚是不公平的。对男人来说，他们私底下是渴望一夫多妻制的。假如给予男性一种新的婚姻形式，在这种婚姻里，只要配偶失去了新鲜感和诱惑力，失去了抵抗的乐趣，他们就可以自由地离开，那么男性就会渴望那些异域的魅力和没有攻克的堡垒，迟早他们会说再见。当然这并不足以构成由于离婚需要双方达成一致，因此男性提出离婚女性就要同意的理由。那么然后呢？然后女性会发现自己重新变得“自由而独立”了，重新被抛入工业社会的水深火热之中，遭到比男性更严重的贬值。

当然，这些都是小问题，同居试婚计划本来就会随着实践而不断得到修正。同居试婚最有建设性意义的是鼓励了早婚。因为同居试婚毕竟牵涉道德的核心问题，即如果我们能找到办法使婚姻恢复到自然年龄状态，那么我们能够减少至少一半的卖淫、性病、无益的独身主义、病态的贞操观和实验性的变态等，这些都是我们当下生活的不好之处。

再想想有几个人能够娶到或嫁给最爱的人。年轻人的激情来得太快，我们的经济状况还跟不上它的节奏，所以只能放弃冒险，让爱随风消逝。然而越是最初的爱，越是历久弥深。三十岁后的男人不可能再如年轻人般激情和无法自制地恋爱了。初恋所唤起的心灵的忠诚是如此深刻，很难被短暂的亲密和考验消磨掉。男孩的温情脉脉、女孩的纯真信赖，这些记忆就像他们生命中绽放的芬芳一样，可以伴随他们幸福地度过许多年。

想象一下初恋的婚姻。看看那对儿理想的新婚夫妇，他们挑选的不是盒子般的公寓，而是一个独立的小家，在那里还能接触到大自然；他们甜蜜地争论着该买什么、该放哪儿；种些花草并看着它们长大；让家里充满色彩、音乐、书和朋友，使它比霓虹闪烁的大街更为可爱；最后再添上孩子带来的混乱和欢快，家就变得完整了。很多时候，我们会因为婚姻的束缚而不得不与配偶斗智斗勇，然而在内心深处，我们总会不自觉地追忆年轻恋爱时那多愁善感的日子（生物学观点强烈认同早婚）。[1]

很多人反对早婚。首先光有完美的爱情是不够的，道德的规劝和房产广告的诗情画意并不能解决年轻人的经济窘迫问题。事实上要求晚婚的是父母而不是子女，他们口头上的建议和经济上的施压造成了晚婚，至于年轻人比较鲁莽等原因就不用再提了。我们要劝劝那些误解的父母，强行推

---

1. 霍姆斯：《进化与遗传学研究》，第177、第178页。

迟婚姻只会带来一连串无穷无尽的粗俗替代品和令人消沉的变态行为。智慧的人不会阻碍情真意切的婚姻，而是为儿女提供殷实的资产，弥补他们经济上的不足，增强他们面对世界的勇气。这是一笔光荣的债务，孩子们将会偿还给他们的下一代：这里面没有人损失，只有共赢。这是父亲们展现慷慨大方的时候。

有了这些帮助，即使是非常谨慎的小伙子也能听从爱情的召唤，并且在结婚的时候发现古话说得对："上帝会保佑你的。"自豪感让他腰杆挺直、充满力量、坚持不懈，责任感让他变得沉稳，婚姻让他成为真正的男人。女神们如果没事可做，那就让她们像从前一样工作吧，直到想生孩子为止。女性手头最好有点儿事做，而不要变成装饰性的花瓶；女性也最好晚点儿生育，不必因为找对象迟了而烦躁不安。我们必须把婚姻和生育分开，从而减少性与婚姻的分离。在父母的帮助下，男性肯定感到轻松了，唯一让他们有压力的就是成为父亲。孩子可以激发他们早日成为男人，否则他们永远长不大。

早婚遇上的第二个障碍是年少无知。尼采说："当一个男人坠入爱河时，不要让他为自己的生活做决定，也不要让他因为一时兴起而决定自己的一生。我们必须公开宣布恋人间的誓言无效，不允许他们结婚。"年轻人确实比较盲目，没有判断力。但是一旦上了年纪，就爱不起来了。也许无论何时都要允许我们可以改变所做的决定。在选择妻子这件事上，并没有证据表明男性在三十岁时比在二十岁时更明智。全世界的妻子和丈夫大体上都是相似的，没什么差别。如果一个男人无法找到与妻子和谐相处的方式，那么大多数情况下是因为他自己的行为和生活信条存在一定的问题，所以即使他和邻居交换妻子，结果也是一样的。离婚就像旅行，如果我们不能改变自己，那么一切都是徒劳的。

然而年少无知也是事实，那么到底什么时候我们才会在婚姻这件事情上不再无知呢？有多少男人是理解女人的？又有多少男人可以处理好和女性的关系？为了减少无知，我们还是应该恢复旧传统，即结婚前六个月举行公开的订婚仪式。在这愉快的半年内，两个相爱的人可以在精神上了解彼此，也许他们会像夫妻一样开始吵嘴，这样他们在被婚姻的纽带捆绑在一起之前还有机会分开。这六个月的时间可以为我们的婚姻制度增添道德的实质和美好，而这恰恰是婚姻制度所需要的。这六个月也为单调的经济生活提供了一个抒情插曲。

早婚遇到的最后也是最重要的障碍是，在年轻人经历不足尚未清醒时，就鼓励他步入婚姻的殿堂，这是很荒谬的，因为对他来说这有可能是一个囚禁终生的监狱。要使早婚变得合理，那么婚姻必须有进有出，离婚必须得到双方同意。有人认为离婚是件遗憾的事，认为婚姻就是为了照顾孩子而不是为了伴侣的幸福，所以为了家庭和孩子的缘故就应该拖着不要离婚，这些观点都很荒唐。但谁知道如果把双方同意作为离婚的充分理由，会不会使离婚率增长呢？对孩子来说，和互不信任、关系疏远、勉强在一起的父母生活，就一定比与和平分手的父母一方生活更好吗？如果我们拒绝了男女双方共同提出的离婚要求，我们会让他们共同完成一些事来满足我们非理性的要求。毫无疑问，拖延一段时间是有益的。在判决离婚之前，先尝试着分开一段时间，这是很明智的。因为在分开的这段时间里，也许原本的怨偶发现孤独比吵架更可怕，距离可能会展现出被近处遮蔽的美德。

最近在美国中西部的一个城市，一位国会议员和他的妻子一起申请离婚，但当场被拒绝了，理由是他们没有触犯足够多的神圣戒律和人类法律。

他们因渴望自由达成的一致意见被视为无关紧要，他们被铐上了“终生的手铐”。这种情况会导致人们通奸，因为在这样的环境下男人们走投无路了，只能以身试法。日本多年来只要双方同意就允许离婚，他们的离婚率要比美国低。俄国自 1907 年以来也实行这样的法律，罗马也有。波拿巴曾经将这条写进《拿破仑法典》，但是波旁王朝什么也没学到，又把它删除了。这类修正案很有可能不会增加离婚的数量，即使有也会非常少，而只会增强我们行为的尊严和法庭的体面。

我们正陷入当下的变革中，毫无疑问会面临命中注定、不可选择的结局。在风俗习惯和制度体系的风云变幻中，任何事情都有可能发生。在现代大都市里，家庭正在消失，一夫一妻制已经失去吸引力。毫无疑问，不以生育为目的的同居试婚将越来越得到宽容。这种自由的组合无论是否得到批准，都将成倍地增加。尽管自由主要是属于男性的，但是对女性来说，相比那些没有孩子、没有追求的孤独日子，同居试婚反而好受些。双重标准将会被打破，女性在所有方面都模仿男性，她们也会效仿男性的婚前行为。离婚还会越来越多，每个城市都充满了婚姻触礁、无家可归的人。整个婚姻制度将被重铸为更新、更松散的形式。当女性的工业化完成后，生育控制成为每个阶层的秘密，生育将成为女性生命中的偶然，国家儿童保育机构将代替家庭。万物皆在改变。

PART 5

第五部分

孩子

第二十二章

生儿育女

无论如何，一夫一妻制的终身结合始终是人类婚姻中最高尚的理念，也是完美的爱人在许下诺言时设立的目标。有的人面对离婚很怯懦，就像战场上的逃兵一样；有的人很浮躁、肤浅，不停地换伴侣。有道德的男女则会在困难甫现时就想办法去解决，因为他们知道在任何战场上都会遇到同样巨大的困难。经过多年艰苦的磨合之后，他们终得好报。那就是在照顾孩子的过程中，在共同经历了风风雨雨之后，他们建立了稳固的感情，这种感情替代了对肉体的短暂热情，使两颗心合二为一。只有经过精神的考验，他们才能体会爱情的圆满。

爱情的圆满不能没有孩子，这就再次证明婚姻的发明是为了孩子。婚姻主要不是为了伴侣之间的结合，而是通过父母和子女间的彼此忠诚、彼此照顾来保存物种。尽管思想解放让我们摆脱了过去的偏见，但自愿不要孩子的女性依然让我们感到不正常和不合意。客观的美和主观的幸福一样，在于自然目的和功能的简单实现，因此那些自始至终不生小孩的女性看上去有点儿可笑，无法使我们相信她们是满足的。如果女性找到一件比生儿育女更需要投入精力和更能充实生活的事，那么也可以，大自然会宽容她。但是如果她漫无目的又牢骚满腹地徘徊，从一个地方换到另一个地方，将一个男人换成另一个男人，从一种娱乐方法换到另外一种，却找不到任何兴趣，就说明她背叛了爱情的自然目的。尼采说，女人是谜面，孩子是谜底。

现代女孩对这种老套的建议嗤之以鼻，她们会让整个世界记住，她们被当作生育机器的年代已经一去不返了。虽然我们驳斥彼此的极端观点，生活却全然不理这些争论继续前进。但凡有点儿历史感和觉察到经济发展不可阻挡的人，都不会要求女性生养一个大家庭，尽管这在若干代以前这是农村女性的宿命。每个人都明白，（除了农村集会——那里仍然由男人掌控立法权）机器的成倍增长和死亡率的下降终结了人类对大规模生育的需求。从共同体利益角度看，似乎仍然需要大量人口，那是我们在用数量自欺欺人，或是因为追求帝国主义和军国主义的扩张。但是战争的胜利从来不是依靠人口，而是依靠头脑和工具。我们再也不会从公共需求的角度或是从道德的角度向往大家庭。如果有人建议女性仍然应该适当保留生育功能，那么这只是为了女性的自我满足和幸福感，而不是为了种族的延续。

很显然，没有孩子的婚姻容易凋谢枯萎，有孩子的婚姻则如鲜花般盛开。过去，婚姻是一桩商业买卖，为了相互提供生理服务之便。现在，婚姻恢复了它的应有之义，它把小小的自我提升到一个大的整体中，婚姻的结合就如被灌溉过的植物般发芽开花。女性在经历焦虑、烦恼、担忧和痛苦的过程中找到了一种奇妙的满足感，平静中充满了欣喜。婚姻中的任务和义务使女性不断得以完善，即使她们似乎要为人类做出牺牲，也让她们体会到了懒散奢华生活中不曾有过的幸福。男人望着她，重新爱上她。她和从前判若两人，她有了新的才智和能力，有了一种在暴力恋爱中从未有过的耐心和温柔。尽管她的脸色可能有点儿苍白，身材走形不忍目睹，但是对男人来说，她似乎是从鬼门关里走了一趟回来，并带了一个他永远都报答不了的礼物。曾经辛苦的工作现在变得如同蜜蜂采蜜般自然而兴奋。过去只有墙壁和床的房子现在变成了一个家，充满了新生命的欢声笑语。男人第一次在职业生涯中感到自己是完美无缺的。

通过为人父母（除非他是天才，天生具备养育的热情和完备的知识），这个男人不仅充分发挥了自己作为社会成员的作用，也实现了作为个体在种族中的作用。他感到自我满足——因为他肩负起了令其成熟、拓宽眼界的责任。他享受着深厚的舐犊之爱的本能带来的满足感，他和孩子们朋友般的友谊是他这个年龄段的人的慰藉，在某种程度上也帮他逃避了死亡的追索。无情的清道夫只是带走了我们日益衰弱的骨骼和肉体，因为他必须清理掉它们来为年轻人腾出空间。但是他所保护的年轻人身上流着我们的血，有着我们的生命和灵魂。埋进坟墓的只是我们身体的一部分，我们本质中产生的另一部分由我们亲手喂养，亲自照料，他们是我们在生命长河之中的再生。孩子每天都给我们带来磨难和痛苦，也许到最后是幻灭的心碎，但他们肯定也会给我们带来无穷的欢乐，甚至超过了恋爱时的狂喜。人要活得完整，人不能碎片化地存在，也不能成为残酷竞争和狭隘孤立的个体，而要作为更大自我的参与者，作为付出多于获得的爱人，作为愉快地肩负起种族重任的父母，心甘情愿地在生命的延续和不朽中被消耗掉，这样人才能实现自我，变得完整。在这部分与整体的合作中，人们会发现所有道德的本质，万物生灵的秘密，以及经年的幸福之道。

第二十三章

孩子的生理关爱

在为父母唱过赞歌之后，现在我们来坦率而近距离地思考一下抚养孩子这个最古老、最艰巨的任务，即把动物性的、未开化的婴儿培养成淑女和绅士。在这一章中，请允许我多谈些私人的事，自由地使用我最喜爱的代词，因为我要提出的方法和结论来自非常有限的经验，我希望把它们原汁原味地呈现出来——对父母和一个孩子的经历。我承认一开始我就对研究这种三口之家非常感兴趣，远超对总体性观察的兴趣。大自然向我们灌输了人类中心主义，使得我们愿意生存下来，否则相比永恒，谁能忍受自己的生命如此短暂呢？

我毫无理由地非常热爱一个小女孩，总觉得别的小孩无论是在体力或智力上，还是在玫瑰般的脸庞或浓密的头发上都没法超越她。我带她走路上学，在最后一个十字路口与她道别，看着她活蹦乱跳地走到同班同学那儿去，这时世界上所有的担忧和烦恼在我看来都是微不足道的，因为这个跳跃的女孩解开了我所有的郁结，治愈了我所有的悲伤。当我走回书房时，有一种为人父母的狂喜包围着我，万事万物看上去都是可以谅解的，包括痛苦、悲伤和死亡。造物主公平地分配着残酷与温柔，创造了一个最不可理喻又非常可爱的孩子。

很明显，我带有很大的偏见，因此我不可能客观冷静地讨论为人父母的问题，使其具有普适性。所以这不是论文，而是自白；不是一本教育学的教科书，而是坦承应该被谴责的行为。这些问题对我来说就如同最深奥的形而上学的问题一样难以确定。但无论如何，在我内心深处，我相信自己的这些观点富有哲理且非常深刻，蕴含着了解这辉煌一代的秘诀。我希望别人翻阅了我的书之后，对他们了解自己的家庭和舐犊之爱有所启示。

用《教义问答》的话来说，我觉得我们一开始就把埃塞尔看作一个由肉体和灵魂组成的生物。她先有身体，然后随着微微一笑，灵魂也有了。从那一刻起，我们意识到这粉嘟嘟的小家伙、胖乎乎的小胳膊小腿、蓝眼睛、红嘴唇和黄卷毛，尽管非常甜美，但只是无形生命的机械和工具而已，很快她就会有爱与恨，有欲望与梦想，有彷徨与成长，会成为另一个自我，会绕着世界的中心转。不知何故，生命会寄托在这样一个身体上。如果身体健全而强壮，那么她的人生将更璀璨。为此，我们决定在埃塞尔十岁之前重点关注她的身体健康，在造物主的帮助下，她完美的身体将孕育出友善和智慧的初心。我们怀疑，大部分行为不当或智力迟钝的背后隐藏着某些生理的疾病。我们没有对埃塞尔进行精神分析或道德说教，我们只是为她提供新鲜的空气和美味的食物。

最初的三个月我们犯了一个严重的错误，把自己的孩子当作一种新奶粉的实验室。这是一场灾难，以至我们为人父母多年后仍不能完全消除这一记忆。我们现在和本·富兰克林一样相信，人类必须提防年轻的医生和年老的理发师。我们的错误侥幸被掩盖过去了。除了吃错东西，埃塞尔生长发育得很好。当我们发现养育方式有误时，我们只能将这一好运归功于埃塞尔在最初三个月里呼吸到的空气——一个宁静山村里的空气，在那里呼吸一下就能得到重生。从那以后，新鲜空气就成了我们的第一法则，甚至比那令人惊叹的万能牛奶还重要。无论哪个季节，我们每晚都会打开窗户，让新鲜的空气随风进入，把埃塞尔·本弗努塔（我们叫她欢迎）的小脸蛋变成玫瑰与火焰般的红扑扑。

埃塞尔会甜言蜜语，笑着搂住我们的脖子，贿赂我们允许她在她年龄所需的休息时间外“熬夜”。这时我们会不动声色，立场坚决，甚至不会去讨论这么荒谬的提议。我们把它当作一种罪恶的想法搁置一边，每天晚上按照她通常睡觉的时间让她去找睡神。尽管她现在已经是个将近十岁的大姑娘了，但还是很规律地在八点十五分消失，站在楼梯上祝我们“睡个好觉、做个美梦”。她通常八点半左右缩进被窝入睡。这个规则也会时不时地被打破，因为有人练钢琴的声音会飘进我们的家里。但大部分情况下，这一直是我们神圣的戒律，是我们生活哲学中的非凡时刻。

在空气之后，我们关心的是食物。我们发现埃塞尔虽然素食，但是在充足的牛奶和全麦面包的帮助下茁壮成长。她长得又高又壮，动作敏捷机灵，在我们看来她已经具备了全面发展所需的一切要素。但让素食主义者感到愤慨的是，我们很快就一周一次或两次在埃塞尔的食物中添加了鸡肉。我们称她为“鸡肉素食主义者”。我们这个小家庭奉行这一奇怪的无原则饮食习惯，十多年来一直很健康。埃塞尔的健康记录并不完美，她婴儿时期得过风疹，但一星期就痊愈了；四岁时她从玩伴那里感染了百日咳，在新血清的帮助下才得以根治；八岁时她扁桃体肿大，随后就切除了扁桃体。

这些都是她健康记录上的污点，除此之外她就不知道医生和疾病是何物了。有时她竟然想知道“胃疼是什么感觉”。

接下来要谈的是玩，随着肌肉、感官和四肢的成长，我们要使它们协调、精确和统一。完美的父母有本事知道买哪些玩具能帮助孩子器官和能力的发展。当然，这里的第一原则肯定是玩具需要精确的感知和明确的操作，最重要的是在户外运动。溜冰鞋、滑板车、射箭套装、铁环、跳绳、棒球和网球器材、自行车（如果你住在乡村、远离汽车道的话）诸如此类的玩具首先有助于发挥人的本性才能，并将每一种能力训练到完美。最好的运动是游泳和溜冰，夏天和冬天就是为此发明的，它们能让每一块肌肉被协调地使用，让呼吸变得急促而深入，让血液流动加速，让心脏欢快地跳动。很惭愧的是我自己不会溜冰。但我发誓这个冬天埃塞尔学的时候，我也会学着从跌倒中爬起。我可以和滑过身边的少男少女手拉手或互相扶着腰，我们的眼中充满了笑意，脸上容光焕发，在冬日的天空下唱着完美运动之歌。我们也可以一起坐雪橇。即使是一个上了年纪的抄写员也可以坐着雪橇，在雪地里驰骋。当雪花飞舞的时候，我们一家三口该多么快乐啊！

第二十四章

孩子的道德培养

身体是第一位的，它的生长之美是一种永恒的快乐。身体一旦奠定了坚实的基础，消化系统一旦健康又规律，性格、教养问题就会随之而来。孩子贪吃又贪玩，会在游戏中争吵，举止傲慢，大声喧哗，不诚实，情绪化，鬼头鬼脑，不愿洗手。那么我们该怎么办？

首先不要说“不许”。如果孩子行为不端，要向他道歉，因为是你教养失误或亏待了他。“不许”是需要的，但是就像医生开酒精处方一样，父母不能滥用这个词。也许父母应该像医生一样，在元旦就把一年的配额用完，这样在剩下的时间里就没有失误了。只要有可能，我们应尽量说可以。许多父母因为自己的命运或爱情受挫，就会给孩子设下各种禁区，或是和孩子唱对台戏。父母的权威是为自己的无耻做最后的庇护。弱势的人喜欢支配，唠叨的权利是婚姻生活的慰藉之一。让孩子们快快乐乐的，我们不要自欺欺人地认为今天的过度牺牲是为了将来。对我们来说，我们就是要让埃塞尔未成家之前都快快乐乐的，至于她结婚后会怎么样只有天知道了。

对孩子颐指气使必然会引起斗争和抵抗。这一规则几乎已经和牛顿运动定律一样确定，比爱因斯坦定律的历史还要悠久。当我们发号施令时，孩子那蛰伏着的自尊心就会被挑起来反抗我们。每下一道命令都会激起更多的反抗。如果是请求，你就能得偿所愿；如果是命令，你就会被拒之门外。和孩子平等地相处，赢得他的爱与信任，你的请求和建议会比命令有效得多。很惭愧，身为埃塞尔的父母，有很多事我们也是听了她的意见才知道的。我们和埃塞尔一起走路上学，告诉她我们很羡慕她快乐的校园时光。我们不知道，让她看到别人是多么珍视校园生活，会不会有助于她汲取这些童年时光的快乐。吃午餐的时候，我们会问她课堂上有什么好事，她很高兴我们关心这些事，也会受到我们的感染而对历史、地理、拼写，甚至算术感兴趣。她逐渐意识到这些事未必是枯燥乏味的，它们可能像一场战争、一次航海、一封情书或一份所得税报告一样令人兴奋。

钢琴也是如此。这是一个困扰每个家庭的问题。“去练习吧！”这是一句很愚蠢的话，很明显它的言下之意是，“钢琴是很无聊，练习也是折磨，但这是你该做的，去忍受吧”。我们对埃塞尔用了另一种方法，我们只是如她所愿提供了学钢琴的机会，最终由她自己选择。但在提出这个问题的几周前，我们谈到了音乐的辉煌以及演奏或谱曲给音乐家带来的高度荣誉。然后我们开始寻找老师，希望找到一个不是从令人昏昏欲睡的音阶和可怕的手指练习开始，而是从简单悦耳的旋律开始，能使全家都哼唱的老师。我们成功地找到了这样的老师，很快我们家里就响起了由一双胖乎乎的小手费力弹奏的乐曲。我们这些年纪大的人就唱着埃塞尔弹奏的乐曲去继续我们的工作，她很高兴能够弹出我们的快乐，感觉自己俨然是一个艺术家了。所以从一开始钢琴对她来说就是音乐，而不是噪音和痛苦。

后来她的学习进程中出现了一个停滞期，她不想再练习了。我们不得不压住心中的怒火，做激烈的思想斗争，不去命令和强迫她。相反，我坐在钢琴前，自己开始练习曲子，因为这是我能力范围之内的事。然后我邀请埃塞尔和我一起，把这首曲子变成四手联弹。她来了，我们一起练习了整整一星期。她不愿意弹的时候，我就独自把她的部分也弹完。老师教了简单的二重奏，我俩一起学。(就在这时，她向我喊道："爸爸，下来和我一起练习。") 很快她对钢琴的兴趣又回来了。很快，她就弹起了贝多芬、莫扎特、舒曼、舒伯特、汉德尔、海顿和巴赫的简单选曲。我们兴致勃勃地演唱着这些著名的曲调，使她知道她让我们的心中充满了音乐是多么令我们高兴。她开始感到音乐是一种巨大的恩惠，值得克服所有的困难。在弹完贝多芬的《别了，钢琴》之后，她说："现在我知道你为什么对贝多芬那么着迷了。"

我想把话题从钢琴转移到游泳上来做进一步的阐释，这无关尊严。你有没有观察过父母是怎么教小孩喜欢水的吗？他们一会儿哄，一会儿骂，然后把他拎起来全部浸入水中。这种方法的成功率只有一半，另一半情况则会让孩子从此对水产生恐惧，再也不敢学习游泳。这种情况下示范的力量远甚千言万语的强行命令。埃塞尔和其他孩子一样对水也有点儿恐惧。她的害怕是很自然的自卫本能，源于历来关于水的危险历史。我们只是让她穿着泳衣在沙滩上玩，而我们自己则在水里嬉戏游泳，想方设法暗示她下水玩是没问题的。她开始羡慕了，自愿过来蹚水玩。我们给她买了一个救生圈，然后笑着绑在她身上，让她打消顾虑，展示给她看在救生圈的帮助下，她可以到水深的地方去扑腾而不会把头发弄湿。她观察着男孩和女孩们，模仿他们的动作，很快就可以游到任何一个地方了。她在水里游了一个季节后，已经学会了游十码左右的蛙泳，这期间不需要任何的强迫与哄骗。我们把救生圈拿走，她惊奇地发现自己已经知道怎么游泳了。在接下来的那个季节，无须强迫，她就在一个朋友的技术指导下学会了自由泳和潜水。现在她来教她的爸爸了，看着她充满活力、各种各样的游泳姿势，爸爸感到很羞愧。

好的榜样力量无穷，其他一切都是多余的。对孩子来说，最好的家庭、最好的学校以及所谓的平等，就是不要去操纵或支配他们。值得注意的是，一个行为端正的小孩不是靠惩罚和命令培养出来的。如果这种自由主义的教养方法不管用，那么往往是因为家长自己违背了却要求孩子遵守的原则。我们劝诫孩子节制，自己却吃喝过度；我们教育孩子要友善，自己却在公共场合吵架；我们斥责糖果和暴力电影的害处，自己却偷偷摸摸沉湎其中，直到被孩子发现。我们要求孩子温柔和善，自己却大声喧哗；我们要求孩子彬彬有礼，自己却粗鲁无礼；我们要求孩子谦虚谨慎，自己却摆出一副不可一世的老爷样。而孩子们只会按照他们看到的而不是听到的有样学样。孩子让人感到最棘手的就是他们可能会模仿我们过去的所作所为。看一下你的孩子，我就知道你是什么样的人了。

如果想要你的孩子有礼貌，请你也有礼貌。如果想要你的孩子干净整洁，请你也干净整洁，这样就行了。盛怒之下对孩子使用的过激言语会形成孩子的暴力语言记忆供他们模仿。只有耐心地、坚持不懈地以身作则，才能培养孩子的良好礼仪。要做到这点很难，因为这几乎就是要对自己进行再教育。孩子正是通过这种方式让我们成长的。现在的说教者不止一次让这些高尚的原则沦落为粗俗的叫喊，无理的命令和失去理智的暴力。我提出这些完美的建议只是为了自我鼓励，相信有一天我会把我的说教付诸实践。

我们试图引导埃塞尔的每一项本能都往好的方向发展。她曾经和别的小动物一样贪得无厌，也和大多数小朋友一样不愿意和别人分享玩具。但是我们愿意和她分享，愿意在任何地方为她提供帮助，这些都对她产生了很大的影响。她明白安全感来自友好的帮助，因而变得体贴又大方。有段时间她很贪财。我们通过给她一份“月薪”来解决这个问题，前提是她要保持房间整洁，自己铺床，按时起床，按时到校，很好地完成功课。朋友们认为我这样做会“腐化”埃塞尔，我有时也很怀疑这个办法是否明智。现在说我朋友是对是错还为时过早，但有迹象表明他们是错的。这份月薪使埃塞尔对钱的欲望降低了，而不是变本加厉。她给自己买了玩具，还时不时地给我们送礼物。为了我的生日，她做了伟大的计划。她说：“难道你不觉得我存钱就是为了给你买些好东西吗？”这一刻，当我在写这本书的时候，她在说服我们给她买一条小牧羊犬，她成功以后说：“当然我会用我账户的钱来买。”我想这一次她的账户要破产了。

对于占有欲我们如是处理，对于自尊心也是一样。自尊可能会成为麻烦和无理取闹，也可以成为个性和发展的源泉。我要的不是一个谦卑顺从的小孩。每当埃塞尔任性的时候，我就自我安慰地想，这样她长大以后，如果有人想利用她，就会惹上一个烫手山芋。人的性格中总有好斗的一面，有时也表现为抵抗。自尊是荣誉之母、勇气之柱，可以无穷无尽地用于善的目的。我们提醒埃塞尔，骄傲就是不能让别人看到她不整洁或不干净，不去占有不应得的，也不能追名逐利，更不能在工作中被人远远地超越。(我不希望她发现我们的秘密。）自尊是惩罚的绝妙替代品；它是一种积极的刺激，而不是消极的威慑；它是毅力和勇气之父，打败了胆小和怯懦。尼采问："什么是善？"答案是"勇敢"。但是如果一个人没有自尊心，怎么可能勇敢呢？

也许在塑造孩子性格的过程中，我们可以用赞扬来代替责备。责备会扭曲灵魂，会让孩子对没做好的事情愈加反感。而表扬则可以使孩子身心舒畅、生气勃勃，即使是最困难的任务也会变成一次有趣的冒险，会指引他们获得成功。自我中心主义是推动世界的杠杆。与其抓住孩子做错的事不放，批评指责成堆，不如时刻关注他们做得好的那些，给予赞美和表扬，使其成为留在记忆中的甜美印记，激励他们去取得更大的成就。如果埃塞尔不得已来告诉我们她算术不佳（这是她的噩梦），我们会表示遗憾，但无心去指责她。因为也许她从来都不知道她的成绩比我们在她这个年龄的时候要好得多。但是如果她回家带来了好成绩的消息，我们就会跳舞庆祝，费尽心思表达对她每一次胜利的喜悦。如果她做了一些让我们特别高兴的事，我们就会往她的账户里存一美元。前面提到的朋友对此很厌恶。如果这种表扬和喜爱的方法没有谩骂和责罚的方法有效呢？那我们即使输了也心甘情愿，而不愿用那种方法赢。只要让埃塞尔幸福，我们都举手赞成。假如一定要选择，我们宁可选择宠坏她，也不愿让她艰难痛苦。在危机中能够帮助我们的是爱，而不是严厉和坚忍。

我不知道命里注定我们只有一个孩子究竟是好事还是坏事。我承认如果我们还有其他孩子的话，就不可能像现在这样在埃塞尔身上花那么多时间。我看到过有两个或更多孩子的家庭，对我来说他们太吵了。我在家工作，所以大部分时间都能看到埃塞尔。但是如果她有兄弟姐妹的话，我就必须至少在一英里以外找一间办公室或一间阁楼。像现在这样，埃塞尔离得很近，但是并不打扰我，这反而是一种无法形容的喜悦。听到她在别的房间里的声音，甚至偶尔来打扰我，都让我感到兴奋和精神振作。我很庆幸自己不需要在城市的喧嚣中工作，而是在女儿幸福成长的陪伴下工作。

然而这种独生子女的幸福也遭遇了困境。为了解决这个问题，我们尝试了很多办法，包括邀请她学校里的玩伴来家里玩，鼓励小朋友之间的来往，邀请一个优秀的小侄子和我们一起度假，让埃塞尔偶尔在别人家里过周末，等等。当然首先是我们陪着孩子玩，参与到她的学习和游戏中。埃塞尔学法语，我们每周都和她一起学词汇，还为此开展了一个有趣的比赛，用俏皮话和双关语来加深单词的记忆。如果她做算术作业遇到困难，我们就一起坐在餐桌旁，全家花一小时的时间一起做加减乘除。这对父母来说是浪费时间吗？好吧，那你是如何打发时间的？难道还有比这更好的焕发活力的消遣方式吗？

为人父母的秘密在于能够重回青春，抛开所有的尊严和地位，诚实平等地和孩子一起玩。也许通过这种平等的亲密关系，我们可以赢得孩子的完全信任和爱，这是教育的基石。如果我们自己不能诚实守信，把孩子道德本性中的诚信和荣誉感挖掘出来，又怎么能成功地培养他们的品格呢？（罗素《教育与美好生活》的“诚实”章节已经做了完整的阐释，这里就不再赘述了。）我们告诉埃塞尔，每一种思想都会潜移默化地塑造着一个人的外貌，而且从长远看，所有的性格元素都会写在脸上，被人读懂。但是我们并不满足于这种无力的理性教育。我们知道如果想要她诚实，就算可能会受到伤害，我们自己也要诚实。我们从不用更坏的惩罚来吓唬她，而是让她看到如果做了不光彩的事，大家的日子就会变得灰暗。我们相信示范和慈爱可以让她对我们坦诚相待。有时我们会对成年人撒谎（尽管说教者都不愿意承认），因为他们不喜欢听真话，但是永远不要对渴望知识的孩子撒谎——然而说教者往往会在孩子们寻求真相的时候，特别喜欢回避真相。埃塞尔在这方面和其他方面一样，都不尽如人意，但我发现这是因为她的父亲对她没有最大限度地诚实。我们将再试一次。

第二十五章

孩子的性教育

诚实所面临的最严峻考验在于对孩子的性教育。我们为什么要抵触这种强烈的好奇心呢？好奇本来就是科学的根源和教育的培养者啊。我想最大的可能是因为美国的清教徒传统使我们对爱情的肉体方面存在一定的恐惧。更远一点儿来说，交配始终是一件私密的事情，即便是在动物世界亦如此，目的是保护交配双方不受攻击。从本质上来说，由于结婚从青春期开始被越来越往后地推迟，从而留下了一段危险的间隔期，在这段时间内要避免刺激孩子潜在的强烈本能。从各方面看，这都是一个难题。但即便如此，我们还是想抓住机会说实话。非到万不得已，我们尽量不考虑这些问题。然而在热火朝天的现代生活氛围下，这些问题很快就会出现。所以与其让这些未经指导又产生了欲望的孩子自己回答，还不如我们赶在他们之前先行解答。对于这些问题，我们不必另眼相待或另行处理。对性抱着敬畏之心其实是一种误导，只会导致其更加神秘，从而埋下祸根。我们应该秉持科学家那种冷静和不偏不倚的态度来谈论性，就像谈论消化和呼吸一样。从长远看，真相才是最有益的，不需要挟带畏惧心理。

知识和健康是最好的心理医生。骨骼强壮、头脑清晰，就不会产生纠结的心理。狄德罗说，解剖学是他要教给女儿的第一门学问，虽然我觉得不急于此。我们不用担心年轻人在这方面通常遇到的困扰，顺其自然吧，不用说教，无须谎言。但我们可以为孩子提供所有的运动器材，诱导她到阳光下运动。如果一个男孩会兴致勃勃地打棒球，对我来说，他的品德就够好了。

经过真理的洗礼，孩子的爱情生活可以像她周围的一切一样，美好而愉快。这里可以举个例子，埃塞尔从学校回来，坐在我的椅子扶手上，“抱着我转吧，”她一边说，一边害羞地轻声道，“爸爸，我恋爱了。”我该做什么呢？因为这段可怕的浪漫痛斥她？我不能，相反，我笑着请她说得详细些。为什么我们要用道德准则使原本充满阳光的心灵乌云密布呢？

那么当青春期来临的时候，我们该做些什么呢？一旦感觉到青春期来临的迹象，我们就要储备好充足的知识，不遗余力地避免敏感、自我和忧郁内向，因为这些会使人生关键的转折期黯然失色。不要让青春期的第一年变成烦躁和悲剧之年，而要让它成为心灵的春天，成为春之觉醒；成为奉献与理想的播种期；成为冒险与诗意的季节；成为灵与肉健康成长的五月天。现在人类的智慧正以双倍速度萌芽，从这一刻起，身体蜕变为物质基础，性格也已形成，教育者的任务最终将聚焦于思想层面。

第二十六章

孩子的学校教育

我不知道埃塞尔是从什么时候开始有自己的思想的，我们也没有为此太费心，直到有一天她说起米尔恩的《现在我们六岁了》，她不想让我觉得她说这话之前还没有自己的思想。难道她不是每时每刻都在非常糟糕、不规范的英语环境下学习知识吗？这里仍然是发号施令和做好示范之间的抉择。所以我们不得不承认如果想要埃塞尔正确地说英语，我们自己必须把英语讲得问心无愧。如果想要埃塞尔不讲粗话，那么我们也不能讲。我们不排斥喻义生动的俚语，因为这可能是一个句子中最富有生活色彩的部分，也可能是摘自约翰逊博士的一段话。但是我们会建议语言表达精确而不是含糊其词。等埃塞尔能够读书的时候，我们就为她提供她这个年龄段最好的文学作品。

与此同时，我们还不得不面对私立学校的问题。我们是该把埃塞尔送到附近的公立学校，还是送到一个很有名但位置偏远的私立学校呢？我们去两所学校参观了一下，惊讶地发现，相比我在公立学校教书每周挣十美元的时候，现在的公立学校进步不少。我们几乎不能相信自己的眼睛，那里有明亮的教室，小班化的课堂，独立的书桌，能干开朗的教师，物质条件和学术设施完备。很多人都对公立学校有非议，我自己也写过文章批判公立学校就像纪律严格的监狱，孩子们送进去的时候是懵懂无知的天使，毕业的时候就是一堆废柴。我那时候是不是有点儿信口开河？

我们上了公立学校，一切都很顺利。说起来可能有点儿讲爱国主义的意思，但总的来说我们并不反对埃塞尔学着去热爱自己的国家。当然我们也会注意让她看到别的国家的伟大之处。埃塞尔去过的四所公立学校是效率与人文关怀的典范。有几个比其他的更好些，但不是因为学校本身而是因为朋友圈的问题。当埃塞尔从一个学校转入另一个学校时，我们可以看到我们的小姑娘在礼貌和兴趣上都发生了变化。现在她所在的学校是四所中最好的，我们很感激也很高兴。

我的这些个人经验并不足以对公立学校下定论。我承认如果有办法的话，有些地方的公立学校我们是不会去上的。因为朋友圈占据了人生的一半，所以很抱歉我们必须有所选择。爱默生说：“把你儿子送到大学去，那里的男孩们会教育他的。”受这种想法的驱动，有一次我们尝试了私立学校——那是纽约最好的私立学校之一。很快我们发现埃塞尔不喜欢那所学校，她抱怨那里太吵闹太杂乱，而校长则称这为自由。尽管她在那里学到了一些有趣的小手艺，户外活动也得到了良好的指导，但她不止一次问我们：“他们打算什么时候教些东西呢？”在这所私立学校学年结束的时候，我们把她送入一所公立学校（那里还要上一个月的学），我们发现除了她在智商上超越了年龄之外，在很多必要的知识点上她都落后了。于是我们不得不让她在暑假里补课。

找好学校之后，接下来的事情就是和学校紧密合作。除非万不得已，不允许缺席或迟到，关注日常的进度和月报，密切注意家庭作业，对每天的课堂内容表现出浓厚的兴趣，所有这些都是父母工作的一部分。这不仅有助于学校开展工作，也有助于孩子学习。任何有价值的规则或秩序都对性格有好处。当我们在田野或森林中散步时，如果可以，我们会把话题转向历史、地理或文学，伟人的精彩故事比童话和小说更有帮助。

地理枯燥吗？那么停泊在港口的船只，或是张开全帆或鸣响汽笛启航，是否成为一种不可抗拒的浪漫暗示呢？每个孩子都向往国外，因此地理可以通过真实的或想象的旅行来展开教学。老师可以带着学生登陆中国上海或新加坡，让他们感受亚洲的神秘；也可以沿着尼罗河顺流而下，从亚历山大到阿比西尼亚，穿过千奇百怪的部落到达约翰内斯堡和开普敦，那么非洲就不仅是一个名字而是真实的存在了。为什么每个学校不配备旅行纪录片？历史对孩子们来说，应该是卡莱尔所说的“伟人传记”。要让孩子习惯尊重天才，并使他为之奉献，因为即使其他所爱的人都消失了，天才也不会随着岁月的流逝而消逝。

所有被铭记于心的天才们仍然活在思想的王国里，不断教育着我们，我们只需要去读去看。慢慢地去品味那些画和雕像，因为艺术家把人生的哲学全部糅进了人物或民族的形象里；悠闲地去饱览帕特农神庙的雄伟或查特雷斯大教堂的优雅与温柔；慢慢地去阅读时间为我们甄选的书籍，这些书滤去了每个时代的渣滓，传承了人类的知识遗产。听埃塞尔讲她在学校里听到的关于拉斐尔和伦勃朗、达·芬奇和米开朗琪罗、雷诺兹和庚斯博罗、鲁本斯和范戴克等人的故事是多么惬意的事啊！在她这个年纪，我做梦都没想到世界上还有这些人存在。更美妙的是她被吸引进文学王国，受到莎士比亚和雪莱、弥尔顿和拜伦、歌德和雨果、惠特曼和爱伦坡的生活的款待。

埃塞尔刚读完特别为她那个年龄段撰写的文学书。这类文学书中历史悠久一点儿的有《爱丽丝梦游仙境》和李尔的《胡诌诗集》等，都是绝妙的作品。而大部分后来写的儿童作品因为低估或侮辱了孩子们的智商而被毁掉了。这些书没有任何鼓励人心的内容，不能使人积极阅读，也无法令人成长。这种书对孩子的智力发展毫无益处。如果一直用这种“脱脂牛奶”喂孩子，那么他们可能会失去所有的阅读兴趣。有很多成人经典作品可以让孩子在九岁或十岁的时候欣赏，如《三个火枪手》《魔符》《悲惨世界》。假如告诉孩子这书不是给小孩看的，她会更加津津有味地看这本书。可能世界上最适合小孩子的书是《鲁滨孙漂流记》和《格列佛游记》，然而这两本书都不是写给孩子的，其中一本连大人都理解不了。

在每一个热爱读书的家庭里，每周有一个或几个晚上花一个小时一起朗读将是件愉快的事情。孩子和大人可以轮流读，等全部读完以后再做纠正，并且要私下进行。我还记得埃塞尔和她那黑眼睛的表兄路易斯与我们三个年纪大的，就是以这样的方式一起读了《伊诺克·雅顿》，孩子们对每一行诗都充满了兴趣，读到最后我们都沉默无语了，直到埃塞尔和她的表兄各自躺在自己母亲的怀里哭了。现在我们正打算读《威尼斯商人》，我们每个人都分配一个角色，然后在熊熊燃烧的壁炉前滔滔不绝地朗读这出剧本。

我相信我们最终是通过阅读而不是高中和大学获得了“通才教育”。埃弗雷特·迪安·马丁先生曾经绝妙地描述了这一术语的含义，对于那些想要知道什么是成熟的人，我强烈推荐他的书。今天我们认为一个日日夜夜都读报的人就是有教养的。尽管每年我们的大学就像福特的标准化流水线一样生产着毕业生，但是很明显，我们的生活中缺乏真正的文化。我们的国家拥有成百上千所学校，但是真正有教养的人还不到一打。

难怪威尔斯先生和其他人质疑大学教育的作用。这种过度的悲观主义有点儿哗众取宠。但有些人确实应该从观念上反省一下，成倍增加的学校和毕业生是否就能够把我们变成一个智慧的民族。我们的学校深受斯宾塞教育观念的影响，认为教育就是要让个体适应环境。这是一个从机械论里推断出来的僵死的、机械化的定义，扼杀了创造精神。结果就是机械科学和理论科学征服了我们的中小学，而文学、历史、哲学和艺术等所谓的“无用”学科则被相对排除了。所以，我们造就了优秀的办公室文员、会计和技术人员，这些人在一天的工作结束后，就会全神贯注于海报、挤进剧院，无论是银幕中还是舞台上永远演着相同的爱情戏码。

这种机械而实用的教育培养出来的是碎片化的人，而不是完整的人。它使得文明从属于工业，生物从属于物理，品位和举止从属于财富。但是教育应该使一个人完整，使他的各种创造能力得到发展，使其向世界上所有令人愉悦而富有教育的方方面面敞开心扉。一个人即使腰缠万贯，倘若贝多芬、柯罗、哈代或是落日余晖中的秋林对他来说只是声音和颜色、毫无意义，那么他就是徒有人的肉体。他那混沌的精神之窗只看到了世界的一半。纯粹的科学教育只能制造出工具，使得人们与美形同陌路，只有力量而没有智慧。如果斯宾塞从未写过教育理论，那么教育可能是关于整个世界的。

大学取消了拉丁语和希腊语，这很好。因为它们消耗的时间远甚于它们的价值。正如海涅所说，“如果罗马人必须先学拉丁语的话，那么他们可能就没有多余的时间来征服世界了”。尽管希腊语和罗马语只对语言家来说是必要的，但是这两个民族的文学对教育来说是不可或缺的。一个人可以想当然地忽略维吉尔和贺拉斯，卢克莱修和西塞罗，塔西佗和马可·奥勒留，他依然可以成熟起来。但是在我知道的所有教材中，再没有哪部作品能如上述人的作品那般精细可靠地研究希腊生活的各个不同领域，包括民主与帝国主义、演讲与戏剧、诗歌与历史、建筑和雕塑、科学与哲学等等。如果让一个学生了解伯里克利时代、文艺复兴时期、启蒙时期的生活和信件，那么他所获得的知识要超过任何一所大学能给予他的。教育的确意味着我们已经是商业、采矿业、植物学、新闻学、认识论等方面得到认证的专家；也意味着我们通过吸收人类道德、知识和美学的遗产，可以很好地理解和控制自身与外部世界；还意味着我们已经选择了最好的人作为精神和肉体的交往对象；也意味着我们学会了谦虚的文化、智慧型的知识和宽容的理解。我们的大学什么时候才能培养出这样的人呢？

晚上最开心的是看见埃塞尔坐在壁炉旁边，她那结实的小麦色大腿搁在椅子边上，胖乎乎的手臂露在外面，红丝带在她的衬衫上闪耀着，她的头发垂在书上，脸上满是好奇又富有感情，她的灵魂飘向遥远的时空，在那些伟人的陪伴下去旅行和开阔眼界，心灵日益健康。从萨福到杜丝，从恩培多克勒到尼采，从佛陀到陀思妥耶夫斯基，从老子到阿纳托尔·法朗士，她一个个地去追寻，倾听他们的意见。我们看着她一年年地成长，从苏格拉底那里学到了智慧，从达·芬奇那里学会了奉献，从基督那里学会了和善。我们梦想着她能成为什么样的人。

我们不希望她太过博学以致不爱生活，也不希望她认为书比朋友、大自然或母爱更重要。无论将来她的职业生涯如何，如果她不能像我们一样，努力让自己的孩子超越自己，那么我们无法完全赞成她。她可能很自由，甚至让我们失望。但是没有人能为其他人决定什么是对的。她会选择自己的道路，有自己的价值判断。对我们来说，她的降临就已经让我们感到很满足了。在这问题繁多而又前途未卜的一生中，她的欢声笑语与天真无邪是我们快乐的源泉。

PART 6

第六部分

教育

第二十七章

有意义的教育

七十四年前，赫伯特·斯宾塞情绪激昂地写了一本关于教育的小书，他用一个问题挑战学术界："什么知识最有价值？"他反对把大好的青春岁月奉献给死文字、古代文化和18世纪英国的流浪汉文学。他认为这样培养出来的人一无是处，只是个整日引经据典的无聊贵族。斯宾塞生活在工业革命的全盛时期，曾经受过工程师的训练，他听到了机器大生产对人才的呼唤和需求，欣然目睹了中产阶层经济地位和政治影响力的与日俱增。他认为学校教育应该是为人类的现代生活做准备，使他们具备解决实际技术和贸易问题的基本能力。

斯宾塞写得如此清晰有力，充满时代精神，他在有生之年就已功成名就。美国是一个没有强大传统束缚的国家，因此很乐意听到斯宾塞的言论。德国利用法国的赔偿，经过一代人的努力完成了工业化，贯彻了具有鲜明彻底性的新教育理论。日本在外部世界的持续刺激下，从农业国的孤立和自满自足中一朝醒来就被迫卷入世界工商业体系，急于寻求转变的无限热情使它转向了技术教育。俄罗斯的前进呈现在我们眼前的是一条双曲线：一条是政府政策的狂热工业化；另一条是对青年的培养，知识就是力量。

我们的教育工作者曾经勇敢地引导美国的中小学重视科学教育和技术教育，但是今天，他们对自己的完全胜利感到不安，对实现了的梦想悲伤不已。他们并不后悔自己付出的努力，也不会打消自己的目标。他们知道一个现代国家为了应对工业世界的竞争，必须在工业和封建制度之间做出选择。这不是选择的问题，而是因为一个国家根本不可能生活在自由或和平的真空中。但我们的教育工作者清醒地认识到，经过一代人的努力之后，学校教育并没有培养出有教养的人或绅士；学校里的豪华配置也不能减少政治腐败、性生活混乱和暴力犯罪。这代人的聪明远超前人，却是不择手段的，前人身上那些显赫的美德在他们身上荡然无存。对科学的重视并没有让人心平气和，这些问题主要是由经济的变化，而不是教育的疏忽造成的。然而教育工作者开始怀疑学校教育没有充分发挥出知识的魅力，以致对混乱和腐败的抵抗力不强。当斯宾塞问什么是最有价值的知识时，他暴露了自己的秘密假设，即教育是知识的传递。那么教育是知识的传递吗？最有价值的教育又是什么呢？

最有价值的教育是让身体与心灵、公民与国家尽可能地和谐。教育及其目标应实现三个最基本的善：第一，通过健康、性格、智力和技术把握生活；第二，通过友谊、大自然、文学和艺术享受生活；第三，通过历史、科学、宗教和哲学理解生活。有两个过程构成了教育，并统一于教育。第一个过程是人类将其丰富的知识、技术、道德和艺术遗产传递给正在成长的个体；第二个过程是个体将所继承的遗产用于发展能力、点缀生活。随着个体对这些遗产的吸收，他从动物变成了人，从野蛮人变成了公民，如果他的吸收能力较好，他也许还可以从傻瓜变为智者。所以，教育是对生命的完善——通过人类的遗产来丰富个体。假如这个重要的传播和吸收过程中断半个世纪，文明就结束了，我们的子孙后代会比野蛮人更原始。

把握生活

但上述的这些都是枯燥的概论，大家早在进入教育和哲学殿堂之前就已耳熟能详。那么从我个人来说，我希望我的孩子获得什么样的教育呢？

首先，在自然环境和时势的有限范围内，我想让他们对自己的身体状况有所把握。因为健康是生活的基本条件，也是幸福最强大的根源，所以我希望他们在身体的知识和护理方面得到充分的指导。身体是灵魂的可见形式和器官。也许是灵魂千古以来的欲望和努力，以某种奇妙的拉马克方式创造了身体——形式服从于功能，功能服从于欲望，欲望是生命的精髓。因此，想要身体健康干净并不是什么可耻的享乐主义。干净仅次于圣洁，因为一个非常健康的人很难变得邪恶。我认为从幼儿园到博士阶段，健康教育应该成为学校教育每年的必修课。我希望我的孩子在十五年的学校生涯中每天有一小时被授予关于身体结构与功能、护理与治疗的知识。我想让我们的医生在课堂上通过检查与指导演示预防医学，希望借此可以减少身体在医院里被修理的次数。我想让牙医们通过在学校的持续教育和观测使我们的孩子养成良好的饮食习惯，喜欢营养丰富的粗粮，而不是希望他们靠着歪歪扭扭的龋齿挖到金子。如果有一天我们的营养师们终于确定了他们真正知道和相信的知识，那么我会请求他们在十五年的学校教育里每周教授一小时的饮食原则，这样我们的人民就可以利用集体的智慧调整饮食，以满足从户外体力劳动转向久坐不动的脑力劳动的需要。我首先会教授健康和清洁知识，并希望逐渐增加其他知识。

为身体找到坚实的基础后，接下来我要寻求的是性格的形成。我应该乞求那些在挑选教师方面发挥重要作用的权威委员会，请他们来挑选教师，并尽可能地培训他们，不仅是为了提高他们在一定热门专业领域的技术能力，还因为他们的性格、道德和举止可能会对我们的孩子造成影响。道德和举止不可能被轻而易举地教出来，但是可以被塑造出来。风度翩翩的绅士（总是非常体贴的人）会像神秘的磁铁一样作用于正在成长的心灵。我们找不到合适的词语来形容男性身上的某些女性气质，现在被隐含在了“绅士”一词中；“夫人”这一称呼让我们联想到的是珠光宝气傲慢的公爵夫人，而不是一个生过孩子、热爱孩子的善良女性。如果保守一点儿，我会安排同一所学校的男孩女孩分开学习。我会让有教养的绅士去教育男孩，让受过教育的母亲去教育女孩。我不能非常确定，但确实有一部分受过教育的女性不想生育，那是因为培养她们的是那些由于担心经济状况和愚蠢的法律而没有生育过的女性。

从生理学角度看，道德来自家庭。因此我特别强调家庭生活在道德教育中的基础性作用。我要恢复古代以独身主义为耻的看法，并尽可能隐晦地指出在自然年龄结婚是一种道德智慧。我会努力培养正在成长的个人的人类义务感，即优生父母的义务，而不是孩子纯粹数量上的增加。孩子是我们继承文明的遗产后回馈给人类的报酬。我会像善良的中国人一样，坚持不懈地以孝道谆谆教导孩子，将其作为道德的基石。因为一个孝顺的儿子才能成为一个好兄弟、好父亲、好邻居和好公民。我要把这一家庭原则扩展到城市和国家中。我会要求坚持不懈地进行道德教化，使个人在一定程度上将邻居视作兄弟，将共同体视作家庭，并根据自身发展和能力情况灵活地运用这些道德原则。这些由家庭孕育出来的互帮互助原则是社会存在的必要条件，也是社会组织的最高目标。

我会搜罗各共同体有关道德理想的初步构想，作为学校的日常教育内容、城市和工业生活的行为准则，作为个体意识、商业荣誉和公民自豪感的楷模。我会要求每个州建立和鼓励像男童子军和女童子军之类的社会组织，赋予正在成长的人以活力和健康，而不是一味地灌输教条戒律。亚里士多德说："美德是一种习惯，而不是一种理念。"我也会毫不犹豫地让孩子们在心中建立起深厚而慷慨的爱国主义。尽管我尊敬且珍惜所有曾经丰富了我们人类遗产的国家和种族，但假如公民没有学会以一种特殊的方式来热爱自己的民族家园，那么一个国家如何抵御外来侵略呢？我会日复一日地灌输鄙视暴力、尊重法律的观念，但也会捍卫作为灵魂或人格本质的自由。只要共同体中任何一部分人有公开集会的需要，我会在晚上开放学校。我不仅会教授政府的形式与理念，也会指出其陈旧的现实，这样，我们的孩子就不会把腐败视为自然的和普遍的，而应该不懈努力，直到我们的公共生活变得更干净，更可敬。总之，我认为教育的目的不仅仅是培养学者，也是培养整个人类。

也许我们应该让教师教给学生的基本技能是自律能力，因为在这风雨飘摇的时代，每个人如同每个民族一样，从长远来看只有两种选择——有效地自治或在现实中被征服。无论哪一种选择，人总有自己的决心。在自律的艺术中，智慧与性格的融合是把握生活的第三要素，也是教育的首要目标。苏格拉底认为智慧是唯一真实的美德。如果有人能把智慧和智力明确地区分开来，那么按照他的观点，我们会发现很多美德和智慧。智力是获取和积累思想的能力，智慧是利用经验的能力（即使经验来自他人），用来明确和实现一个人的目标。一个人存着上百万个念头，他要么是罪犯，要么是傻瓜，聪明的人不会这样。

我们如何培养智慧呢？这是一个深奥的问题，我没有资格发言，我更愿意让那些经验丰富、耐心试验的人来解答它。研究表明，大部分学习都是试错性的，因此我们可以暂时得出结论，即智慧不可能在学校中被教出来，必须从经验和行动中获得。文字和文学的价值在于，它们能使我们获得比亲身体验更多的经验。比如，通过阅读修昔底德的作品，我们可以学到一些希腊的经验；通过阅读陀思妥耶夫斯基的作品，我们可以稍稍了解沙皇俄国时期的生活；通过阅读《拿破仑的桌边谈话》(*The Table Talk and Opinions of Napoléon Buonaparte*)，我们可以用最现实的历史浪漫主义灵魂之眼来捕捉那个时代的片段。但是这种间接经验总是模糊而肤浅的，因为首先只有最伟大的作家才能抓住和揭示生活的本质和意义，其次读到的东西很少能深入记忆影响行为和性格。当科学真正为科学时，它比文学更能培养智慧。因为科学是通过严密地记录和筛选证据、严格地区分理想与现实、用实验检验假设性结论来推进的，其结果是形成一些可验证的经验。通过数学、物理和化学，人们学会根据证据来相信，学会用怀疑精神来权衡所有证据。如果我们所有人都能形成这样的思维习惯，那么阅读和聆听的能力将不再是获取真理的障碍。宣传的喧嚣时代也将走到尽头。

也许学校里培养智慧的最好方式是手工和家庭艺术。每个男孩都应学会使用木工和管道工的基本工具，能够在家里、在发动机上做些小的维修。每个女孩都应该掌握烹饪、家务管理和母婴护理的秘诀。简单的手工劳作中蕴含着丰富的快乐，正如年老的拉比们教的那样，即使是学者也会发现，掌握一点儿贸易知识可以防止把自己的结论贱卖。

对女孩来说，如果她连家庭、丈夫和孩子都料理不好，那么即使掌握了拉丁语和希腊语、考古学和三角学，对她来说也毫无用处。忠诚是通过对胃的滋养形成的，从维护一夫一妻制的角度来看，能做出好的馅饼比懂得所有已经死亡的语言更重要。女性不需要有太多学问，好母亲胜过上千个博士。

第二十八章

享受生活

健康、性格和智慧能够帮助我们把握生活、控制自己，因而构成了自由人格的基础和教育的主要目标。歌德至死都认为性格决定一切，但也正是他警告我们万事万物皆有限。我们的生活圈子都很狭窄，局限在本地的血缘关系、经济和政治环境中，而这之外的广阔天地则充满了意外和不可预料。教育不仅要教给我们把握生活的技巧，还要让我们知道这些把握是有限的，并让我们学会坦然接受这一有限性。一切皆可宽恕。

在有限的生活范围里，我们大可享受生活，并且一生受用无穷。因此，教育的第二个功能就是让我们掌握技艺，然后去探索如何享受生活。首先是如何看待我们周围的人。人群中不乏好事之徒，所以我们要学会保护隐私，筑起捍卫自己内心的堡垒。但也有很多人是我们潜在的朋友，有一些还可能成为我们的爱人。我希望我的孩子学会人与人之间的有来有往；学会宽容，在增长兴趣和见识的过程中交到自己的朋友；也希望他们知道只有保持相互的独立，才能滋养脆弱的爱情之树。我希望他们了解爱情的来龙去脉，这样他们才能恰当地理解和处理这个重要但有时候是毁灭性的经历。我隐约看到十五年的学校教育安排了一些关于人际关系的选修课程，大概是每周一小时，课程研究的是最明智的男性和女性、最精细的科学家和最宽容的哲学家是如何看待婚姻的。

除了我们周围的人，我们快乐和痛苦的最大来源就是自然本身。我希望我的孩子们既认识到大自然的可怕，也认识到它的美丽，能接受斗争、痛苦、危险和死亡这些自然现象。我希望他们能敏锐地感知天地，因为这会使心灵变得可爱或崇高。年轻时，我十分抗拒天文学、植物学和鸟类学这些沉闷的名字，觉得只要欣赏花、鸟和星星就够了，根本不需要知道它们的本质、关系和名称。现在我感觉自己错了，今天我的孩子们也错了，因为他们和我一样顽固，拒绝接受一切与柔弱的科学相关的东西。但我现在希望自己能够分清行星和恒星、老鹰和麻雀、菊花和玫瑰。如果我能对这些熠熠生辉的东西更熟悉些，知道它们所属的家族，就能更好地欣赏它们。因为熟悉的事物会让人潜意识里更快乐。当然我希望孩子们能悠然自得地应对大自然的无穷变化，不仅热爱青翠的草木和盛开的鲜花，也热爱神秘的薄雾和成熟后的衰败；希望他们像拜伦一样热爱大海，像透纳一样喜欢阳光，像惠特勒一样欣赏雨水，像济慈一样喜爱夜莺。我觉得应该让孩子们在童年时代上一门快乐的自然课，从识别昴星团到园艺。我会让他们去维萨肯探险、去阿迪朗达克山脉野营，让他们划着独木舟在星罗棋布的小溪里漂流，小溪的名字都很优美，堪比曾经吸引英国诗人梦想的萨斯奎汉纳海岸的乌托邦。我很高兴看到他们欣赏体育的盛况，但更希望他们也能参与其中。我会给游泳、棒球、足球、篮球和其他强身健体的运动设立学分，因为这些运动都是发展智慧和品格所必需的，希腊语和罗马语加起来都不如它们有用。

我觉得根本没必要让孩子们为学习外语烦恼。我学了七年的拉丁语和希腊语，教了他们四年，其中一种断断续续讲了两年。有时候我会从中得到快乐，但更多时候会因为句法而感到痛苦。这些语言对我欣赏和理解古典世界的天才们没有太大的帮助。今天当我想重温荷马或欧里庇得斯、维吉尔或卢克莱修时，我不会去找原著，因为它们会让我联想到无聊、单调、沉闷的工作。我会去找查普曼或吉尔伯特·默里,或威廉·莫里斯和威廉·艾勒里·伦纳德的翻译作品来看。即使是现代外语也不适合课堂教学。一个人无论多么耐心刻苦和仔细研读，都不可能从书本上学会外语。如果你想学法语，去和法国人住在一起，把语法扔给语法学家，他们是唯一从语法中受益的人。有人说，学点儿拉丁语有益于英语写作，也许吧，但再没有比拉丁语学者的英语更糟糕的了。对我来说，我宁可用英语与培根和弥尔顿、艾迪生和伯克、吉本和麦考莱和纽曼一起学习，也不愿用完全不同于母语的语言来学习。为了学术和历史，我们应该鼓励语言学家去学习和保存拉丁语与希腊语，但我们没有理由让一门死去的语言成为必修课，就好比不能强迫学生去学习过时的行业一样。对大多数人来说，最体面地对待死去的语言的做法就是埋葬它。

在埋葬了希腊语和罗马语之后，我愿意把过去花在枯燥的语法和专业词汇上的时间，用在现存的文学上。我是在放弃了希腊语之后，才知道希腊的天才有多么才华横溢。看欧里庇得斯戏剧的原著是一件枯燥的事，但是看吉尔伯特·默里的翻译却收获不少，尽管他译得有点儿自说自话。读者若花一小时读一下《特洛伊妇女》，就能体会我的兴奋。我愿学生免受希腊语之苦,但不是让他们割断希腊。我会激励他们去学习那辉煌的文明，并以此为标准来衡量和照亮他们自己的文明。我会吸引他们去听希罗多德那迷人的闲话，去看普鲁塔克那生动的传记。他们会花时间悠闲从容地与荷马相处，与萨福和阿那克里翁一起舒展拳脚。他们会去看梭伦为雅典立法，去看伯里克利统治暴民，去看德摩斯梯尼公开指责蛊惑民心的政客，去看菲迪亚斯雕刻帕特农神庙的山墙。然后我们再转向对恺撒的研究——不是从那冷冰冰、反复咏叹的散文《高卢战记》中研究他，而是从其生活中的个性和人生悲剧入手。我们会把自己沉溺在维吉尔的《埃涅阿斯纪》中，因为这是一个令人愉快的故事。我们会在阿瑟·墨菲的英译本《塔西佗》中领略早期国王的风采。我们会陷入吉本那浩如烟海的散文里，和他一起进入魔幻忧郁的中世纪，感受学术的微妙与乡村的快乐，见到虔诚的屠杀、感性的诗歌和伊斯兰风格的建筑装饰。

文学会为我们打开享受生活的第三道大门。我们会去读乔治·摩尔的《阿伯拉[1]与哀绿绮丝[2]的情书》，欣赏他们那深沉优美的书信。我们会和诺顿或卡里一起漫游但丁笔下的“地狱”。我们会把注意力转向波斯，迷失在菲茨杰拉德翻译的欧玛尔·海亚姆华丽的四行诗中。我们会在西蒙德那令人振奋的文艺复兴篇章中一饱眼福。我们会听到马基雅弗利告诉恺撒·波吉亚如何成为一名成功的马基雅弗利式的王子。我们会让切利尼将他那不可思议的冒险经历向我们娓娓道来，让瓦萨里学习普鲁塔克为达·芬奇、米开朗琪罗和拉斐尔立传。我们会和蒙田谈笑风生，与拉伯雷一起开怀大笑。我们会和堂吉诃德一同去毁坏风车，同莎士比亚一样伤心

1. 即阿伯拉尔。
2. 即爱洛伊丝。

欲绝。培根的散文会让我们思维敏捷，伏尔泰养在费尔内家中的神猴会让我们变得口齿伶俐。我们还会读到弥尔顿的诗歌和庄严的散文；会听见卢梭的忏悔，了解伟大的约翰逊先生的内心。我们愿意沉溺于欧洲浪漫主义运动的诗歌中，和拜伦一起焦躁，与海涅一起哭笑，同雪莱一样充满希望又满怀哀痛，和济慈共同承受世上的美好与哀伤。我们会和冉·阿让一道去探索巴黎的阴沟，和可爱的萨朗波一起感受迦太基战争的恐怖。我们会进入巴尔扎克那个喧嚣的世界，看着虐待狂福楼拜把他的男女主角撕成碎片。我们会和蓓基·夏泼、大卫·科波菲尔和匹克威克俱乐部共同经历兴衰变迁。我们会分析勃朗宁夫人，吟唱丁尼生的诗歌，回到家之后就让惠特曼咏唱健康之歌。我们会在瓦尔登湖和梭罗一起削铅笔，会在爱默生醉人的音乐智慧中进入梦乡。我们会慢慢阅读林肯的书信和演讲，让他那深刻而宽容的精神萦绕在我们心头，直到我们认识美国最好和最坏的一面。

这会成为学校里那些没有自理能力的学生的沉重负担吗？为了享受生活，另外还有一条教育途径是他们必须经历的，这也是最艰难的一条路。假如他们不喜欢艺术，我就不会让他们为之烦恼，因为美不能浪费在那些不愿看不愿听的人身上。但是如果他们非常关注绘画或雕塑、建筑或音乐，我会为他们提供各种机会。我会连续四年请他们听《皇帝协奏曲》（贝多芬）和《马太受难曲》（巴赫），通过反复聆听让他们对这些曲子耳熟能详、具有分辨能力。我会带最有意愿的人去大英博物馆，请他们在拉斐尔的《尤利乌斯二世》或伦勃朗画的拉比们或伦勃朗的自画像前安静地坐一会儿。如果可能，我会带他们去大英博物馆朝拜母亲女神得墨忒耳或菲迪亚斯雕刻的女神们。我会让他们在沙特尔或兰斯待一周，在希腊待一星期，在意大利住一个月，在格拉纳达待一天，这样他们就会知道地域大小与发展无关，这样他们才能在生命的海洋中、在文明的火山上、在脆弱的艺术堡垒中点燃完美之爱的火焰。

第二十九章

理解生活

当我的孩子进入大学时，我相信教育会为他们打开理解生活的路径。“愿我的儿子学习历史，”拿破仑在圣赫勒拿岛时说，“因为它是唯一真正的哲学，也是唯一真正的心理学。”心理学在很大程度上是一种人类行为理论，哲学往往是人类行为的理想，而历史有时是人类行为的一种记录。我们不能完全相信历史学家，因为他们有时候（就像阿克巴时代的人）会为英雄造势，赋予他们所有的美德和胜利。但是一个不能用历史眼光看待当下的人，算不上受过教育的人或治国之才。无论男孩还是女孩，在高中阶段就应该开始有序地重温历史的辉煌，但不要像我们过去那样学习古希腊和古罗马，而是去学习美索不达米亚、埃及和克里特岛的历史，因为文明从那里流入了希腊和罗马，并通过它们流向北欧和我们自己。

高二时，他们应该用一些诸如布雷斯特德的《古代》（*Ancient Times*）这样完美的教材来学习古典文化，至少还应该偷偷了解一下印度的佛陀和中国的孔子。高三时，他们应该学习中世纪和文艺复兴，学习科尔多瓦和巴格达的伊斯兰教全盛时期，学习笈多和莫卧儿统治下的印度的伟大时代，学习中国唐朝蓬勃发展的诗歌和艺术。

大学一年级，他们将开始学习现代历史，从路德和利奥十世到法国大革命，他们应该努力吸收欧洲文化的财富。大学二年级，他们将沿着1789年到第二次世界大战的足迹，看革命和民主的兴衰变迁。大学三年级，他们会复习回顾，进一步理解从玛雅人、印加人到他们自己这一代的美国历史。不过这些都只是历史的皮毛，因为大学生的思维还不足以理解诸如修昔底德和格罗特、蒙森和吉本、伏尔泰和基佐、兰克和米什莱、麦考莱和卡莱尔、查尔斯和玛丽·比尔德等大师的作品。但是它们能给年轻的大学生提供一个视角来观察人间世事，从第一个金字塔到最后一次选举，可以让他们更明智地思考和处理当下的问题。

理解生活的第二扇门是科学，不是作为征服工具的科学，而是作为描述外部世界的科学。科学包含了所有关于天文起源和发展的模糊假设，所有关于地球历史的大胆的地理假设，所有关于生命起源和发展的理论。比这些理论更好的是对田野、溪流和森林里的动植物做一手研究，或是在实验室里解剖一点儿尸体。最重要的是对生活的现实理解，包括饥饿与爱情、不平等与不安全、竞争与合作、淘汰与选择、奉献与创造、流血与温柔、和平与战争。

理解生活的第三条路径是哲学。在柏拉图看来，哲学这种“甜蜜的喜悦”不应该赐予青年人，大师认为年轻人对人类生命的争论，并不是源于对真理的渴望，而是源于对胜利的盲目追求。他们在争论中咬住对方不放，而真理最终却在他们的脚下分崩离析。也许大学生最后一年应该学习一门哲学史课程来充实自己。这门课程应该聚焦伟大的人格，让智慧成为青少年思想的本性。这样的课程用柏拉图的《理想国》作为教材就足够了，要让学生们意识到我们当下的问题由来已久，多少个世纪以来人类的本性一直在破坏哲学家和圣人的理想。当大学生迎风徐行，穿过柏拉图那依然清新的思想园地后，我们要让他们再接触一点儿亚里士多德、芝诺和伊壁鸠鲁、卢克莱修、埃皮克提图和马可·奥勒留、阿奎纳和奥卡姆、笛卡儿和斯宾诺莎、培根和霍布斯、康德和叔本华、孔德和斯宾塞、尼采和斯宾格勒。如果这些对大学生来说太难了，就让他们去结识那些把哲学转变为戏剧、小说、诗歌的伟大作家，诸如索福克勒斯、欧里庇得斯和阿里斯托芬，但丁、莎士比亚和歌德，哈代、陀思妥耶夫斯基和托尔斯泰。即便他只知道这些哲学家的名字，只要他从这些人身上确认了一个坚定的信念，即有哲学这样的东西存在，那也是好的。在以后的岁月里，如果他们生活悠闲，有时间思考，他们可能会重温这些人的作品，并下定决心把握作品的精髓，在信仰的不确定中砥砺前行，到达具有更清晰的洞察力、更恰如其分的愿望和更温和的怀疑精神的高度。也许在那种一路畅行的氛围中，他们可以明白所有的哲学不过就是一种探索，所有的信仰只是一个简单的希望，他们的内心不会再为此苦苦挣扎，他们的心灵开始秉承诚实的信条。对人类所有的梦想报以伟大的同情，用爱来理解对梦想的各种困扰，会使他们变得开阔而深刻，会让他们领会圣贤的和平与简单、坚忍与宽容。

显然，教育是不可能在中小学或大学完成的，这些教育只是为我们做更广泛的研究提供了工具和地图，从而让我们去把握生活、享受生活和理解生活。我还没谈论过旅行。如果旅行过于繁杂和匆忙，那么只会使思想变得肤浅，加深偏见。但如果旅行是指在异国他乡感受式地居住一段时间，那么头脑中会形成一个整体印象，恰如哲学那永远诱人的幻觉。我还没有提及作为学生业余爱好的技术学科，因为我觉得这些学科不应该从大学阶段开始。我想把高中和大学的课程都缩短为三年，最初的十五年教育用来奠定生活的物质、道德和文化基础，而把专业的技术训练留到研究生阶段。我希望在我有生之年，美国一半的青年人都能完成大学学业，其中一半人能完成研究生学业。随着发明创造的推进，我们需要越来越多训练有素的技术人员，对体力的需求则会减少。我们有理由相信，到 20 世纪末，所有的体力劳动将被机器代替，人将从本质上成为生产中的智力因素。无产阶层不再需要发号施令，而是会消失。

我相信欧洲人的教育方法比我们更全面，教育效果也更胜我们一筹。一部分原因是他们那更悠久、更稳定的传统将时尚和浮华扼杀在萌芽之中；一部分原因是他们明智地把学校教育聚焦在相对较少的科目上；也有一部分原因是他们把两性分开，避免了学习阶段因为性而分散注意力；还有一部分原因是他们对学生要求严格，主要体现在工作量的要求和纪律的严明上。我们不能指望在我们这一代我们的大学就能和欧洲最好的大学相媲美，因为每种制度的形成都需要时间。但是我们应该派遣最能干的师范学校毕业生去学习英国、德国和法国的教育模式，吸取它们之长，并最终超越它们。

尽管在这些彷徨的年代里我们遭遇了艰难与困苦，但我们建设了一个比过往都要好的美国。我们的土地上有着无与伦比的物质资源，我们的人民充满活力、善于创造、富有技巧。来自不同大陆、不同时代的文化积累融入我们的传统、图书馆和学校，其范围之广、内容之充实，使得一个人的头脑都装不下这些财富的千分之一。教育的功能和最高使命就是把这些文明的遗产存贮在精力充沛的头脑里，使我们更智慧地开发地球的馈赠，更广泛地传播我们的繁荣；使我们的财富能够在更美好的礼仪和道德、在更深刻的文学和更理智的艺术中绽放。我毫不怀疑，凭借着前所未有的教育机会和丰富的物质基础，我们将建设一个最好的社会和最佳的文明，为人类的遗产增添智慧和美丽。

PART 7

第七部分

性格发展

第三十章

性格

心理学在今天所处的位置就如同三百年前弗朗西斯·培根写下《学术的进展》时物理学的地位。培根在当时大胆提出了科学的计划，足以令勇敢的文艺复兴精神都折腰，他指出迫切需要解决的关键问题，连篇累牍地预测随着新知识的到来而产生的各种突破。今天物理学所取得的胜利是真实的、普遍的和影响深刻的，甚至远远超出培根那高贵的想象。物理和化学、数学与力学将地球的面貌改造得越来越接近于人类的意志。唯一没变的似乎只有人类自己，人类的意志与性格。

心理学取得的类似成就表现在哪里呢？假如另一个培根式的人物列出心理学领域的问题，并做出胜利的预言，谁会相信他呢？我们面对的是一片陌生的汪洋大海，它仍然被神话和迷信笼罩着。我们既不知道它的航道和距离，也不知道它的海域之外是否存在蓬莱仙岛。但是新的科学会勇往直前，在偏见和无知的际会中，带着试错的态度坚定前行。三百年后的心理学将成为今天的物理学，尽管可能会像罗丹的一些尝试性雕塑那样不完美,但仍然是大师手笔。随着科学家最终开始研究“思想”、“感情”和“精神”，我们那混沌意志的物质材料慢慢地被知识铸造成体现着力量和善良的更高等的人类。

引起我们兴趣的是我们人类自身。到目前为止，心理学研究的对象是我们人类而不是抽象概念，它像戏剧一样引人入胜，而主角是我们自己。我们到底是什么？是猿还是神？抑或正要进化为神的猿？所谓“人性”似乎决定了无数不可挽回的历史悲剧，那么它究竟是什么？性格和行为的基础和元素是什么？这些基础和元素是不是非常普遍且影响深刻，以至性格难以改变？我们能否像闵希豪生男爵[1]一样自力更生，把自己从文化传统的潮流中解放出来？让我们暂时忘记一切，去探究性格的本质，将其分解开来加以观察和理解。如果可以的话,我们到最后再把分解的重新整合起来。

当古老的心理学降格以求来研究人类的世俗行为时，它把性格分为血红色型（乐观)、忧郁型、胆汁型（暴躁)、冷漠型四类。这些听上去有点儿血腥和不自然，但其实它们只是意味着人类或是快乐，或是悲观，或是热情，或是盎格鲁－撒克逊式的。事实可能是这样的，但这些词只是用来描写形容而不是解释性的。有人怀疑这些词的发明者是从有趣的生理学视角来看待性格的，即认为性格是由血液或胆汁或别的物质决定的，至于“别的物质”是什么,他们在霍乱和痰之间犹豫不决。贝恩[2]认为按照思想、情感或意志的支配性地位，性格可以分为理智型、情感型和意志型。但由

1. 闵希豪生男爵：以吹牛和空谈闻名于世。他曾经在俄国军队服务过，和土耳人打过仗。回到德国后，他从自己的经历生发开去，讲述了众多离奇古怪的故事。——译者注

2. 贝恩：英国心理学家。——译者注

于意志型也可能是情感型（如亚历山大或伊丽莎白）或是理智型（如恺撒和拿破仑），甚至理智型也可能是情感型（如柏拉图、阿伯拉尔、伏尔泰或尼采），我们从同一扇门里进去又出来了。

研究人的方法有两种。一种从外部环境出发，把人看作一种适应机制。这一观点把思想还原为事物，把精神还原为物质，在斯宾塞的变相唯物主义和沃森的行为主义中得到阐发。持这种观点的代表性人物有德谟克利特、伊壁鸠鲁、卢克莱修、霍布斯以及温和的斯宾诺莎。在生物学领域有达尔文和他的自然选择理论，把环境看作进化的决定性因素。在社会学领域出现了巴克尔、斯宾塞和马克思，他们用经济影响、客观存在和突发事件来解释历史。

另一种是从内部入手，把人看作一个需求、冲动和欲望的系统，它驱使人去学习、使用和掌控环境。这一观点喜欢把事物还原为思想，把物质还原为精神。这种观点源于亚里士多德的“生命原理”（他认为内在的目的决定外在的形式），并在柏格森的生机论和威廉·詹姆斯的实用主义中得到阐释。除了上述三者外，持这一观点的还有柏拉图、笛卡儿、莱布尼茨、康德和叔本华。在生物学领域有拉马克和进化论，他认为进化是由永不满足的欲望所激发的不断努力形成的。在社会学领域有歌德、卡莱尔和尼采，他们用心理影响、创造天赋和支配性的意志来解释历史。

这里的性格分析将采用第二种方法，当然在分析过程中可能会有一些潜在的误区。这种观点认为人类对环境的改造远甚于环境对人类的改造。马路旁的每一座花园、天空中的每一架飞机都是人类积极生活的标志和象征。按照这种观点，性格是内在气质和欲望的总和。性格是一块本能的马赛克，会因环境、职业和经历的影响而受到渲染和改变。我们可以粗略地对人类性格的基本冲动进行分类列举，将基本要素和衍生要素区分开来。

性格元素列表

本能		习惯		感觉	
积极的	消极的	积极的	消极的	积极的	消极的
获取食物	逃避	狩猎	洁癖	饥饿	厌恶
		分裂		残忍	
		囤积		贪婪	
		获取			
战斗	逃跑	前进	后退	生气	害怕
		好奇	犹豫	惊讶	怀疑
		操纵	思考		
行动	睡觉	比赛	休息	乐观	疲惫
交往	内向	健谈	沉默寡言	喜欢社交	喜欢独处
		建设性			
		模仿			
		喜欢认同		自负	害羞
繁衍	拒绝	求婚	脸红	性欲	克制
亲代养育				父母之爱	

这些本能、习惯和感受是人类性格的普遍要素。每个人身上都有。我们性格脾气不同，只是因为这些因素在任何两个人身上出现的程度不一样。我们的种类和种族决定了我们所具备的本能，环境决定了本能所追寻的目标和产生的习惯。环境毫无危险，好斗会变成专横；环境危机重重，好斗会变为狡猾。本能是一样的，只是表现不一样。轻伤会使逃避发展为谨慎，重伤会把逃避加剧成怯懦。所有的经历都是这样一个诱发和压抑的过程，每天都有一些性情偏好因为胜利而得到滋养，因为不作为或失败而被弱化。

我们每个人都有若干潜在的性格（习惯镶嵌其中），其中一个逐渐被环境选中并得到强化，就像混在木头中的铁屑被磁铁吸起来一样。因此改变性格的第一条原则是寻找一个新的环境，让新的力量拨动我们从未用过的弦，在我们身上谱出更好的音乐。

如果多加观察，我们会在上述性格元素列表中发现更多的亮点。要注意的是，每一种本能都是生理系统的心理表达。获取食物的本能是细胞空虚躁动的结果。好斗和逃跑是手臂和腿的需求（林肯在宽恕逃兵时说："如果上帝给了男人一双怯懦的腿，他怎么能不跑呢？"）。行动的本能（爬、走、跑、攀登、投掷等）是所有身体部位协调运作之诗。繁殖是元素充沛的结果，而起初表现为家庭的交往是繁殖的需要。每一种本能都根植于我们的生理结构。任何破坏本能的性格变化都会使身心受到伤害。

还要注意的是，每种本能都有一种情感的伴生物，有一种与它所对应的冲动一样原始而深刻的情感模式。因为饥饿所以寻找食物，因为厌恶所以逃避。因为愤怒而打架，因为害怕而逃走。好奇带来惊讶，怀疑带来犹豫。骄傲导致主宰，谦卑导致顺从。乐观就会行动，疲惫就会休息。需要社会满足感就会去交往，需要无名的解脱感就会偶尔隐居。因为欲望而去交配，因为害羞而退却，因为父母之爱才有了亲代养育。每一种本能都与我们骨肉相连，通过热烈的情感熔铸进我们的本性。

最后还可以观察到，几乎每种本能在同一个人身上都有对立面。就像恩培多克勒认为的那样，万事万物都有积极和消极的一面。可以说，我们天生就具备两面性冲动：我们既会寻找食物，又会躲避灾害；既打架好斗，又会飞奔逃跑；既会克服困难又会服从忍受；既会因为好奇而奋勇向前，又会因为怀疑而踌躇不前；既会前进操控，也会坐着休息睡觉；既会去求爱，也会抵抗；既会展示自我，也会害羞脸红；既会领导，也会跟从；既会原创,也会模仿；既会寻求交际,也会坚守孤独。通常来说,我们天生（如天生的性格）就会趋利避害。

在这里，性格因素的二分法潜藏着人类性格基本区别的线索。如果我们把人简单地分为乐观的或忧郁的、好的或坏的，那么对理解历史、与邻居交往毫无益处。自然和历史承认的唯一区别在于性格的积极与消极、强与弱。我们构建了上千种关于善的理想模型，而现实的力量将它们碾得粉碎。很显然，有些人是积极冲动型人格，性格趋向于进取、寻求、克服和拥有，我们称为积极性格。还有一些人是消极被动型人格，性格趋向于犹豫、退却、寻求庇护和安全感、服从，我们称为消极性格。没有人是完全积极性格或完全消极性格的，就像男性化和女性化一样，会有不同的层次和混合。但如果我们尝试着设想这两种对立性格的极致化，那么我们会知道人类性格摆动的两个极端，以及每种人格最终的构成要素。

第三十一章

消极性格

这一章我们讨论消极性格。消极性格的人往往身材矮小，尽管他强烈地感到自己的容貌、身材和思想弥补了这一缺点，但还是会尴尬地意识到自己的生理弱势，所以当他看到高大健壮的工人、擦肩而过的身材挺拔又健康的白领时，难免会既嫉妒又不屑一顾。消极性格的人最大的弱点就在于身体、精力和动力上的不足，他们一般都不够热血强壮。

消极性格的人在餐桌上没什么胃口，对食物很挑剔，也很容易厌食。他们一吃肉就会想起屠宰场，觉得钓鱼也很野蛮。吃东西对他们来说毫无趣味，他们像只从未见过虫子的鸟儿吃得又慢又少。吃完之后，他们会细心地擦净手指，会担心是否留了足够的小费。他们希望不被注意地走出房间，却又疑神疑鬼地觉得别人都在盯着他们。

消极性格的人遇到陌生人，会不动声色地上下打量对方，揣测对方的能力和意图，但不会直视对方的眼睛。遇到侮辱和危险的时候，他们会因为吃惊害怕而瑟瑟发抖。他们不会火冒三丈，只会烦躁怨恨，他们的暴力只是掩盖其退缩的面具。他们害怕责任和困难，期待平静安全，喜欢待在家里。他们喜欢看书，特别是那些关于冒险和游历、意志和力量的哲学书。他们羡慕牛仔和超人，认为如果这个世界够明智，就应该对他们委以重任。他们会把获得的成功全归功于自己，而把失败归咎于环境（即其他人）、政府或上天的安排。面对世界他们是悲观主义者，面对自己他们是乐观主义者。

然而，生理上的局限会滋养内在的无拘无束的想象力，消极性格的人也会在这一助力之下有所成就。由于不受实际行动和客观观察的制约，他的想象可以在形而上学和诗歌的空想王国里遨游。在这些看不见的领域里，如果他们能时不时地进行一小时的细致劳作，就可以画出理想之美，创造出理想主义哲学，发明文学艺术的新形式和新形象。他们最多可以成为一个诗歌天才，至少也是一位知识分子——不是思想家，而是一个只会思考的人。随着文明的发展，生活变得繁杂乏味，体力对生存来说越来越不重要，每个城市都挤满了动荡而自我折磨的灵魂，充满了堂吉诃德式的想象和哈姆雷特般的成就。

这种性格的人行动的本能微乎其微。他们不会沉湎于游戏或运动，只关注思想和言论。他们会说俏皮话，却不会游泳。他们只会去看比赛，但不会参与，因为看比做简单得多。对他们来说，休息的冲动是最重要的。如果可以骑车，他们绝不走路；如果可以坐着，他们绝不站着；如果可以睡觉，他们绝不醒着。他们的睡眠并不好，因为他们没有足够清醒就又去睡觉了，所以尽管他们的神经很疲惫，但肉体不累。行动无法消耗他们的能量，情感却永远唤醒了他们，并且找不到生理的宣泄口，这使得他们永远紧张不安，无法安眠。

退而不为是这类人的本质，他们回避尖锐的事实和生活的重任，蜷缩在一个想入非非的世界里，在那里他们获得了无数的胜利。他们的害羞现在变成了一种秘密隐私，在那些本质软弱的人身上，这些隐私又变为习以为常的微妙掩饰。在某种意义上，他们是合群的，他们从喜欢独处变为热衷于一些意气相投的小圈子聚会。如果恰好发现有人喜欢聆听自己的倾诉，那么他们就好像到了天堂。茶室里挤满了这种人。他们进行社交是因为渴望获得大家的认可。他们小心翼翼地遵守着习俗，尽管不具备贵族的荣誉感，但他们多少有点儿民主意识，会忠实地响应群体的道德。而且他们总是和蔼可亲、令人愉快、忠心耿耿、虔诚可敬，既不残酷也不粗鲁。他们可能有异常的性欲，但要相信他们可能只会犯下最轻微的罪行。

尽管这些都是内心的冲动，但他们首先表现为柔弱，因为这些冲动还不能相互协调以支配和统一他们的生活。他们经常寻找休息的机会，但总是那么坐立不安。任何项目、任何地方都不能让他们满意。他们就像一艘永不入港的船，船上的货物都腐烂了。他们缺乏规律性也不勤劳。尽管有时看上去紧张忙碌，但他们发现不管方法有多单调、乏味和困难，他们自己都无法朝着一个固定的目标坚持不懈地走下去。他们野心十足，却懒于实践。他们倾向于一鼓作气，却很快又偃旗息鼓、草草收尾。他们有无数愿望，却毫无斗志。

最后，他们在爱情中也是被追求者而不是求爱者。即使摆出一副君子好逑的架势，但事实上还是女性像政治家一样在幕后为他们安排一切。其实他们对自己的胜利感觉有点儿惭愧，所以一想起就会脸红。他们质疑自己为什么不能花费更少却能更强烈地去享受想象中的放荡生活。他们只是屈服于命运，做一个忠实勤劳的丈夫，只要机会使然就会繁衍后代，然后为孩子殚精竭虑。他们会过早死去，他们的人生会因为徒劳感而黯然失色，他们甚至怀疑自己不出生可能更好些。

第三十二章

积极性格

积极性格的人总是身体健康、精力充沛、血气方刚，敢于正视这个世界，做自己喜欢做的事。他们看别人的时候，总是直视对方。但其实他们关注的不是别人，而是自己的事业和目标。他们对人的兴趣不如对目标的兴趣。

积极性格的人身上有着强烈的进取冲动，他们吃起饭来总是津津有味，毫不拘谨。许多宰杀都是为了满足他们的口腹之欲。在他们身上，人类围困和吞噬动植物界的自然天性会发展成为对获取和占有的普遍热衷。他们的座右铭就是去拥有、去享受。他们比性格消极的人更独断专行，更成功，因此这类人会把每个现代国家变成翻版的自己——贪得无厌（也许他们有奢侈的妻子）。

在古代，积极性格的人更可能是封建贵族或战士，而不是行政人员、商人、工会领袖或工程师。他们的身上还保留着古老的好斗精神，只不过有所缓和，有所伪装，一旦舞刀弄枪他们仍然会非常积极。但也正是这种大胆好斗的精神，赋予他们实现目标的力量。在他们身上，欲望不是胆小的愿望，而是不可避免的冲动。为了实现愿望，他们会负起责任，不怕危险，不辞辛劳。相较于美德，他们更有勇气；相较于骄傲，他们少了点儿道德心。他们野心十足，鄙视束手束脚，质疑谦虚谨慎。如果遇到比自己更强或更坚定的人，他们不会心甘情愿地俯首称臣，而是通过竞争和挑战来表示尊重。只有经历了一场筋疲力尽的战斗之后，他们才会认输。

积极性格的人充满了好奇心，他们被万事万物吸引着。面对新奇的事物，他们的思维异常活跃。但他们对理论没兴趣，他们的思想直接指向行动和目标。他们无法理解为什么人要为高等数学、诗歌、绘画或哲学烦恼。如果他们是哲学家，就会既关注思维也关注存在。比起亚里士多德，他们更像塞内加；比起伯克利，他们更像培根；比起康德，他们更像伏尔泰。

积极性格的人相信的是行动而不是思考。他们和恺撒一样，认为只要有事还没做，就不能意味着完成。他们喜欢精彩热烈的生活，不喜欢乡村的简单宁静。他们觉得和平是为老年人准备的，而不是用来塑造男人的。他们专横霸道，喜欢把别人看成泥刀上的砖头，幻想着把他们砌成什么样都可以。而那些被他们驱使的人也感到一种隐隐的兴奋，因为他们是如此有把握，如此自信开朗。活跃使他们保持健康，不会浪费时间忧思多虑。他们享受着生活，即使不甚如意，也不会瞻前顾后。他们怀疑乌托邦，认为所有激进分子都应该在黎明前被枪决。他们憎恶思想家——他们只会坐而论道、纸上谈兵，用顶层精英主义思维处理国际事务。

然而有时他们也化身为有思想的人：既不是诗人，也不是画家，也不是理论哲学家，更不是把自己埋在试管或古书中的科学家；而是发明家，是具有原创设计能力的建筑家，是敢于将钢铁谱成歌曲横跨巨流大河的工程师，是把大理石刻得栩栩如生的画家，是愿意对抗全世界以捍卫真理的科学家。尽管如此，他们百分之九十九的生命都用于行动，只有百分之一用于思考。

一般来说，他们很擅长交际，和所有人都友善相处，除了那些思想过于尖锐反传统的人。他们喜欢享受晚上的私密时间，但那是家庭生活的私密时间，而不是沉默寡言的独处。他们难得停下来反省，也很少有解不开的心结，而且从不谈论心理学问题。他们被妻子惹恼时，就去自己的俱乐部；他们厌倦俱乐部时，就忘情地工作。积极生活的习惯使他们远离神经紧张。

性格积极的人首先具备的是意志。注意，是意志而不是愿望，不是野心和欲望在不可调和的对立中相互抵消的混合物；而是一个有目标、有秩序、有美好前景，循序渐进地行动的有机组合，这个组合会通过某种持久的、支配性的设计塑进他们的性格中。他们的意志是经过训练的。他们会界定一个可能性的范围，然后在这个范围内意志坚定，坚持到底。他们创作的是作品，而不是碎片或印象。他们只是全神贯注于自己的努力，从不考虑别人如何评价。他们沉默寡言，不会在行动或言语的暴力中浪费自己的人生。他们爱好广泛，并且都很崇高，这些爱好会拧成一股绳向同一个方向前进，而不会乱糟糟地遍地开花。他们懂得自我控制的快乐所在，能够抵制一时的欲望和刺激，慢慢地使自己变得完整。健康和智慧成就了他们。

他们在恋爱中会主动进攻，反应迅速、直截了当地赢得胜利，他们深受所有女人的喜爱。他们结婚较早，因为下决心很快。相比谨慎退缩，他们更倾向于好奇进取。相较于孤单寂寞和花天酒地，他们更乐于背负起对妻子和孩子的责任。为人父母带来的压力使他们变得坚强。但他们知道如何将彬彬有礼与温和亲切融进力量中。他们的孩子不只是爱他们，还很尊敬他们。到了中年，他们会学一些休闲艺术。年老的时候，他们含饴弄孙，重焕活力。他们从不质疑生活是一种恩赐，唯一感到遗憾的是他们必须把这个游戏交给更年轻的玩家了。

第三十三章

重塑性格

我们描绘了两幅理想的性格肖像画，并用类似摩尼教的方法把人类截然分为强与弱两种类型。单独来看，这两幅画有可能比较极端无用；但若把它们并排放在一起，我们很容易进行自我剖析，从而使重塑自我成为可能。我们能适度摆脱消极和软弱，像自己心中的秘密偶像那样展现出积极坚定的一面吗？我们能通过思考为自己的形象加分吗？

通常我们不会对这个问题悲观地说“不”。人们常说，性格决定命运，人一出生就决定了一生的命运。正所谓本性难移，因为性格的品质常常植根于身体的状况，与健康、力量、器官结构和功能相关，建立在这些因素之上的性格怎样才能改变呢？

也有大量事实使得人们对“本性难移”这一古老教条产生了严重的怀疑。我们这个时代的历史给了我们一个深刻而震惊的例子，那就是消极性格向积极性格的大规模转变。五十年前，相较于男性，人们通常会用消极的词汇来描绘女性，并给她们贴上弱势群体的标签。女性的自卑感源于生理上的弱势，这泄露了普遍存在于女性心中的隐秘遗憾，那就是没有生而为男人。这种复杂的心理会以一种熊熊燃烧的怨恨情绪表现出来，就像地下之火一样，她们的言论会周期性地喷发出炽热的岩浆。她们天性温和，但生理弱势就像复仇女神一样，在人生的每一个十字路口迎接着她们，于是她们时不时地需要通过言语上的暴力来获得慰藉，乃至有点儿矫枉过正。她们被认为是“弱势性别”。

女性缺乏自信和柔顺服从正是源于这一生理基础。她们不像男性那样热衷于成就，事实上，她们的命运似乎代代相同，那就是（也只能是）为人母。她们向自己的主人鞠躬致敬，对他们的拳头报以温柔，把自己的名字、财产以及肉体都归属于他们，并把自己的幸福建立在实现他们愿望的基础上。生活对她们来说艰难而乏味，于是她们尽可能陶醉在罗曼蒂克的小说和诗歌中聊以自慰，使自己能暂时升华到一个更光明的世界。

工业社会将女性网罗在辛苦的工作中。变化犹如洪水般涌入她们的生活，个体责任和经济独立随之而来。她们有了自己的钱，并构建了自己的道德准则。她们开始质疑男性的优越性。她们过去一直觉得男人很强大，也很容易上当受骗，易于被驯服调教。但是现在，她们发现，正如男性自身（胆怯地崇拜拳击运动员）长期以来所认识的那样，在现代世界里，竞争不是靠速度和力量，而是前所未有地依赖于灵巧和机智，越来越少地依赖于体力和力气。她们高兴地发现，生理弱势不再是成功和掌控不可逾越的障碍，最伟大的天才也可能身材矮小。即使女性还会为穿紧身胸衣而窒息，为穿裙子而受到骚扰，为传统和别针而受到束缚，但她们也可以成为领袖，掌握权力，成为自己灵魂的主人。

因此，随着大变革的推进，女性逐渐摆脱消极的性格，呈现出积极的姿态。她们开始拥有独立的人格和进取心，具备了管理能力和现实思考的能力。她们也有了占有的欲望，成了伟大的淘金者。她们忽视家庭的安静整洁，喜欢喧嚣的街头；她们涂脂抹粉，不再只是一掬清水。她们放松了胸衣，剪短了裙子，把脖子露在阳光底下。她们减少了祈祷，增加了游玩的时间。她们深深地呼吸着自由的清新空气，变得更加坚强勇敢。几乎仅花了一代人的时间，女性就如鲜花般怒放，萌生出前所未有的积极性。

女性的变化让男性大吃一惊，他们像卫道士一样抱怨“新女性”，但又无力左右这一变化的发生和持续。他们发现自己面对的是工业社会的女性，是商业社会的女性，是专业的、受过教育的女性。女性进入自古以来只有男性才有特权进入的领域。男性不喜欢女性在工作和意志方面的独立，他们向往那些谦卑的古代少女和像藤蔓一样依附于男性的女人，向往有孩子有苹果派的那种老式家庭的幸福（这似乎是理想化的记忆）。他们从男性的角度怒气冲冲地抵抗这种入侵。

结果男人输了。至少在美国，女性几乎已经完成了从消极服从到积极支配的华丽转身。女孩时期的顺从和结婚以后的服从这些旧时的品格消失了。在两性之中，现在是男人变得低眉顺眼，带着羞涩的敬畏去发现现代女性脚踝、小腿、膝盖和其他魅力之处。“爱、珍惜和服从”这些词不再出现在婚姻的义务里。也许短时间内，男性还会提出要求恢复到过去，但这终将是徒劳。

这个转变发生得如此之快，我们可以据此判断性格改变的可能性。很明显，我们称为积极和消极的品格并非不可改变地植根于肉体。这些品格的确以身体的强弱为基础，但它们会受到机遇和环境的影响而不时发生变化。无数案例证明，同一个女性可以由胆怯变为放肆，由服从变为主宰。很明显，性格是可以改变的——只要我们愿意。

但这里我们会遇到些微困难，那就是有一部分人并不希望改变性格。他们认为自己看起来是如此完美，即使是错误也是可爱的，他们从未想过要对自己的本性做些改变。而且这里还牵涉一个道德问题：积极的性格不一定就是有道德的。如果一个民族全部由我们所描绘的那种意志坚定的人组成，那么这个民族很有可能变成一个充满残酷竞争和战争的疯人院。我们要承认，我们不是要一个民族只教授善行，我们提出的解决办法中确实有一些不道德的地方。如果我们现在看起来有意发展力量而不是美德，那是因为性格的力量本身就是一种高尚的美德。也许只有在严峻的形势下，我们大部分人才会低头和愿望破灭。

如果想要使自己变得强壮，我们首先要搞清楚什么是意志：意志不是性格因素中的某种神秘实体，会像乐队指挥那样一会儿往这边挥一会儿往那边挥；意志是所有正常运转的本能冲动和气质的总和与实质。这些构成性格的动力因素不会服从于它们自身之外的任何因素，而是它们自身那些强有力的冲动支配和统一着其他因素。这就是意志的力量——一个超群绝伦、至高无上的愿望吸引和驾驭着其他欲望朝着同一个方向和目标前进。如果我们找不到这样一个协调一致的目标，并为了这个主要目标牺牲心中的其他欲望，就无法团结一致，最终只能为他人作嫁衣。

因此，读那些讲解性格的书对我们来说没有什么帮助。例如，有一本名为利兰的人写的书，书名为《你有一个坚强的意志吗？》或者《如何形成……通过自我催眠的简单过程获得心智能力》。像这样的书有上百部，傻瓜可以在任何一个城市买到。但是坚强意志的形成之路漫长而艰辛。

意志是在生活中形成的。意志是统一的欲望，就像叔本华阐述的那样，是生命成长的特有形式。只有当生命为其找到新的力量和胜利时，意志的力量和境界才会提高。要想变得强大，我们必须先选好目标，规划好道路，不管遇到什么困难，都要坚持到底。慎重一点儿的方法是首先做自己力所能及的，因为每一次失败都会削弱我们，每一次成功都会使我们变得强壮。成功造就成功，小小的胜利可以为更大的胜利积聚力量和自信。实践造就意志。

但另一方面，也许有人会谨慎过头，拒绝所有伟大事业的号召，永远保持弱小的状态。千万记住不要满足于一点点的胜利。在获得胜利的翌日清晨，在饱餐一顿之后，你要环顾四周去寻找下一个更重大的任务。你要直面危险，寻求责任，也许你会被打败、被摧毁，但是你只是时间长河中的沧海一粟，并不足以打乱人类的生活信条。如果生活没有击垮你，你就会变得强大，你会更接近伟大和自己的目标。要么成功，要么毁灭。

精神分析学在这里也为人类性格和命运的可变性提供了可靠性稍差、略有些神奇的解释。在阿德勒开创性的理论中，天才和神经病患者都是因为器官缺陷——身体部位的某些弱点和畸形——刺激了他们的灵魂因而让他们陷入一场战胜缺陷的斗争中的。正如弗朗西斯·培根说的："任何人都有遭人鄙视的弱点，但他内心永远存在着一股自强不息的精神，拯救自己，免受轻视。"因此，内翻足的拜伦可以把舞跳得非常完美，成为社交场合的名流；口吃的德摩斯梯尼成了一名出色的演说家；贝多芬失聪，却谱写了无与伦比的音乐。女性也一样，为了反抗生理上的弱点和屈从，内心燃烧着男子汉式抗议的熊熊烈火，勇敢地突破所有的传统和障碍。阿德勒说："自卑感提供了前进的内在冲动。"正是那些曾经落后的人冲向前线，领导了人类；正是从工人阶层中产生了伟大的发明家；正是不健全的躯体一次又一次为高贵的灵魂提供了庇护和激励。

第三十四章

改善性格的良方

现在让我们更近距离地审视这个问题：倘若一个人想要获得精神和道德力量，他该做些什么？

首先要有健康，这样凡事才有可能；没有健康，什么都不能指望。就像尼采说的："要成为一名绅士，你首先得是一个完美的动物。"为此，挑选合适的祖先是必要的。这有点儿困难，但至少我们可以选择合适的饮食和生活习惯。莫勒斯霍说："吃什么样的东西，就变什么样的人。"食物决定一个人。这里没有通用的灵丹妙药，每个人都要自己去发现对自己有害的东西，然后避开它。(凯洛格博士 1927 年在巴特克里出版的《新营养学》是一本非常好的指南。)无论什么只要干扰了你，就把它列入黑名单，不要让它再靠近你的五脏六腑。通过一个无情的淘汰过程，你就会得到一份日常饮食清单，它可以保证你消化无忧。如果没有药剂师的帮助，你体内的垃圾就无法自己排出，那么你要问问自己，到底是什么有害物质让你变得如此虚弱不堪？是那美妙的精麦粉，还是女性最爱的蛋糕和糖果，或是饮食中过少的蔬菜和水果？保持大便通畅，管住嘴巴，这是智慧的乐章。

如果我们想要重塑自己，就要从胃开始，这样身体的其他部分才有可能比较健康。我们并非生来就是知识分子、文职人员、记者和哲学家，但我们天生就会四处走动、举重、奔跑和攀登。大自然为我们创造了崇尚手臂和腿脚力量的生活。理想的工作是体力劳动和脑力劳动的和谐统一或相互转换。每天砍柴的皇帝一定有些智慧。但这样的生活其实是一种奢望，不是我们能享受得起的。生活如此复杂，竞争又这般激烈，很显然我们必须专注于一个目标才能实现卓越。但至少我们可以剪剪草坪，修修篱笆，修剪一下树木。也许有一天我们有时间来打理一个花园，毕竟健康比出名重要。对天才来说，最可悲的莫过于活着时很悲惨，死了才出名。

为了追求健康和力量，我们可能需要一个新的环境。这也算是一种安慰，反映了我们虽然不能改变遗传基因，但是可以改变自己的状态。维多利亚中期的旧决定论哲学在其新的教义中，认为人是由环境、遗传以及我们称为生命的那种奇怪的进步力量和重塑力量构成的。事实确实如此，我们也许可以将这点记载下来，即我们不可能在本质上改变自己，除非每时每刻敲打我们肉体的刺激发生了变化，我们最终才会根据这些外在刺激塑造自我。我们周围是不是都是些不爱干净的人，或是只关心物质和饮食的无知者呢？如果是，那么不管付出多少代价都要马上离开，去找好的伙伴。有没有比我们更高贵的灵魂、更完善的思想、更坚定的品格存在呢？我们要去寻找这样的人，以他为榜样，直到自己能够与之相当。然后我们再去追随更伟大的人。聆听伟人远比支配傻瓜重要。恺撒错了，所谓宁为凤尾勿为鸡头，在罗马人中屈居第二也要比在野蛮人中占据第一更高贵。

如果（就像你可能会想的那样）你周围的生活圈子里没有比你更优秀

的人，就和过去的天才们交朋友吧。因为你只要花一分钱，就能买到他们的忠告，把他们的言论听得烂熟于耳，然后用他们身上散发出来的清新气息塑造自己。不要错误地认为书本没有影响力。书本的影响是潜移默化的，就像凿开山谷引出涓涓细流一样，每年它都会给我们带来更多的知识。当一个人的周遭都是圣贤之辈时，他每时每刻都会得到自我提升。当我们和拿破仑共坐一桌，或是和惠特曼一同散步，或是与弗雷德里克和伏尔泰一起吃夜宵时，我们没有理由觉得自己渺小。

外部环境如此纷繁复杂，而我们内在的问题就更难了，因为我们的内心如同荒野，欲望就像花园里除不尽的杂草。我们怎么知道该留着哪些植物任其蓬勃生长，哪些植物又该任其枯萎死亡呢？

性格的第一重要准则是完整，用歌德的话来说，就是“要么自成一派，要么加入别的一派”。第二条准则是进取，不退缩。这是成长的界线，智者会允许稍微有所偏差，但不允许例外越界。例如，在第一组本能中，尽管洁癖根源于厌恶这种消极冲动，但我们还是为洁癖留下了宽容的空间。尼采说：“孩提时期就应该把整洁感发展成一种热情，那么在之后的每一个人生新阶段，他都培养自己的美德。”和整洁感紧接着的就是虔诚。如果世界上没有神呢？但我们不想变成常年生活冰冷的苦行僧，或是头发抹油的阿波罗，或是美甲女孩的受害者。我们总会隐隐地妒忌一位已故的神学政治家，他从不会因为正统观念而影响自己的胃口。

我们也许可以采取相同的态度对待好战性和它的先驱者——骄傲。这些都是美德，不是恶习，虽然我们会去修正它们，但只是为了让它们茁壮成长。好战和骄傲不等于好争论，也不是自负。自负是想象胜利即将来临，骄傲是对已取得的胜利的记忆，而好争论只是表现了弱者的好斗性。打仗并不意味着残酷和贪婪。强者会尽其所能地付出，他们的快乐来自自身的打拼而不是别人的给予。他们造房子给别人住，赚钱给别人花。性格不是从挥霍消费中产生的，它来自建构和创造。

性格的改善也来自实践，不要去从事那些再三思考却不付诸实践的职业。与其日复一日地债台高筑，或是在孤独的小公寓里思索外部现实世界的新争论，不如做个在阳光下砍着芬芳木材的伐木工，看着眼前的事物随着每一次的打击而成长。与其听一百首曲子，不如自己弹奏一首；与其看世界杯比赛，不如在街角自己踢一场。让我们尽情地嬉戏欢笑，如果生活时不时地（就像海上暴风雨的日子一样）和你开个苦涩的玩笑，那么让我们记住这个玩笑，忘记痛苦。

性格的改善还与婚姻相关。就像《圣经》里写的，这比欲火焚身要好，还可以让人对其他事物清心寡欲。只有对尼采这样不正常的人来说，姐妹才比妻子好。对正常人来说，找自己的姐妹是不合适的。一旦基本的生理问题解决了，我们就能周游世界，而不必每次都被花花世界弄得心猿意马。我们意识到无论衣服有多不同，女性的本质都是一样的。就像形而上学者说的，在不同表象之下，潜在的实质都是一样的。因此我们要学会知足，学会对配偶保持长久之爱。确实，一个结了婚的男人会为了钱什么事都愿意做，但也只有已婚的男人才会变得多才多艺。

性格的改善要靠结交朋友。如果你交不到朋友，那么改变自己，直到能交到朋友为止。孤独是一剂良药，并且是一剂速效药，但不能当作食物。而性格就如歌德曾指出的那样，会在世界的潮流中发展。如果我们只是内省，那么（据说）即使我们的专业是心理学，也会迷失自我。一个劲儿地审视内心只会带来灾难，就像网球运动员特地去衡量距离、速度、角度和击球动作等，或是像钢琴家老是考虑自己的手指一样。朋友对我们是有益的，不仅因为他们会聆听我们，也因为他们会嘲笑我们。通过他们，我们学会客观、谦虚和礼貌。我们会掌握生活的规则，成为更好的游戏玩家。你如果想被爱，就要变得谦虚；你如果想被尊敬，就要骄傲；你如果想两者兼得，就要把外在的谦虚和内在的骄傲结合起来。但骄傲要适度，不可以被人看出来或听出来。不要聪明过头，所谓忠言逆耳，要把“人死莫言过”作为座右铭。不要把人置于错误的境地，他会恨你一辈子。世界上没有所谓的最有用的事情，只是说这件事适合做或适合说而已，所以不要急于说出真相。你必须接受社会加之于你的习俗，这样你才能在社会规则之下得到一点儿自由。你如果做事得体，就可以为所欲为，而不会遭人指责。同时要默默地前进，不要引起不必要的敌意。你要永远保持进取的状态，接受各种各样的经历，在你离开尘世、让孩子们守住人类的火种之前，你要尽可能多地接受生活的考验。

但是在这一切中，智慧体现在哪里呢？性格难道仅仅是一种冲动，对理性或想象力毫无用处吗？如果是这样，那么性格多简单啊！谁的情感最强烈谁就是最坚强的人。

事情当然不是这样的，在完整的灵魂中，想象和智慧就像火焰之光。我们可能会在想象中迷失自我，但可以通过远见获得伟大的胜利。爱默生说：“波拿巴每次打仗前，从不考虑万一命运不济该怎么办。‘当我计划作战时，没人比我更优柔寡断。我把战争情况下可能发生的一切危险和邪恶都放大了。’”想象可能会摧毁我们，就像它在 1812 年摧毁了拿破仑一样。或者我们在付诸行动前，先预想一下各种后果，这可以让我们免受无数的灾难。

而理性的积极作用是对行动有所帮助。当理性成为人类内在的活动时，就会制造出哈姆雷特和逻辑学家。这两者的激烈竞争贯穿人的一生，并且永无定论。但是当理性变成欲望的相互竞争，变成冲动之间的相互批判，变成激情之间的相互检验，那么理性就是人类的最高境界，各种要素都在人的身上混合出现，相互磨合直至协调统一，并通过全面的观点和完整的回应表现出来。

冲动是帮助我们扬帆的风，但若不加节制，我们便会被拖累成冲动的阶下囚。谁没见过那种只有贪婪，只有性欲，只会好斗，只喜欢聊天或只喜欢玩的人？自由地释放各种冲动会导致品格的消解，就像居鲁士大帝的儿子们那样，由女人抚养长大，而这个女人只会附和奉承他们，使他们最终变得怯懦而堕落。因此，理性的本质在于用知识对抗欲望。我们有自律的源泉和武器，自我抑制能力是性格和意志的必然结果。要么让世界规范我们，要么我们自我规范，决定权在我们自己手上。最终，性格就像穆勒很久以前说的那样，是“完全成形的意志”。

总结归纳总是比分析要困难得多。心理学把人的本质分解了，但是没有综合起来。描述一个人比判断他应该怎样、如何改变要容易得多。我们已经触及了一个宏大主题的某些方面，这一主题在我们这个世纪将吸引无数创造性思维。我们已经具备了知识，现在要寻找艺术来改造自己，就像我们改造大陆和海洋一样。但知识就是力量，每门科学最终都会成为一种艺术，它们结出的果实会不断扩大人类的王国。在我们孩子这一代，人类应该能像今天制造轮船和飞机一样铸造思想和心灵了。人类的冲动一直保持平静，毫无变化，而世界一直在改变，层出不穷的发明使生活加速向前并愈加精巧美好，冲动将会有意识地重塑生活。人类的心智能力在不断提高和增加，因此最高级的现代思想对于反应迟钝的农民来说，仿佛属于另一个物种。终有一天，我们的大脑会与机器相匹配，我们的智慧会与知识相衬，我们的目标会与能力相匹配。到那时，我们才能活得像真正的人类。

PART 8

第八部分

克服悲观主义

第三十五章

我们的悲观主义者

亲爱的悲观主义者，我不是要改变你们（因为我在一半程度上是赞同你们的），也不是要向你们说教（因为我知道你们并不喜欢说教），我只是想随便和你们谈谈人之初、人之终。

我喜欢你们，就像喜欢叔本华一样，因为你们直面现实，不偏不倚，实事求是。你们不会用形而上学或“理想主义”来回避事实。你们不会被那些傻瓜或骗子接纳，因为他们想要我们相信世界上的一切都很美好。如果一定要我在你们和乐观主义者之间选择，我会投票给你们，并借此机会说服你们，如果你们身体健康，那么尽管生活有很多弊病，还是非常值得一过的。我知道职业乐观主义者是伪装的推销员，他们的好心情不过是他们生意上的制服，目的在于让我加价。我曾经看到乐观主义者把人类的痛苦看作小事一桩，无忧无虑地盼望着“一切都会水到渠成”，他们无所作为，听天由命。犬儒主义是冷眼旁观，乐观主义是冷酷无情。两者其实差不多，除非你特别较真。悲观主义者了解乐观主义者不知道的事，乐观主义者了解悲观主义者不知道的事，两者都不想和对方交换半真半假的事实。因为他们忙于互相驳斥，没有时间理解彼此。

你们这一代人是经历过战争或是在战争的记忆中长大的，也因此而被战争彻底改变。你们看到了层出迭现的暴力，看到了新的世界性杀伤武器被精心地发明出来，看到了温文尔雅的外交辞令背后帝国主义贪婪和商业竞争的残酷现实，你们因此再也不相信乌托邦。你们的杂志特地展示了现代生活毫无价值的方面，把自己消耗在恶言相加和无知中，消耗在描述不公平和愚蠢中。他们向所有的伤感和柔情宣战，用嘲笑和统计数据将你们鞭打成冷漠的禁欲主义者，让你们不再信仰上帝，不再相信爱。

我为你们看到的戏剧、忍受的绘画、听到的音乐和不得不喝的酒感到遗憾，因为它们全都中了民主和战争的毒。战争加速了女性的工业化，把她们扔进与男性无期限的亲密关系中。在一个青春期不再意味着婚姻的世界里，旧的道德准则为防止性泛滥而筑起的堤坝现在注定要被这种亲密关系推倒。战争使人的思想失衡，一种被称为现代绘画的疾病在欧洲和美国蔓延开来，这种疾病起源于因战败而筋疲力尽、受尽屈辱的法国。我们认为民主可以使所有男人变得成熟，使所有女人变得智慧，使所有政府变得高尚和平——民主取消了人的特殊性，使思考成为非法，把最好的下拉到大多数的水平，用暴民的艺术、戏剧和音乐代替了成熟的标准。纽约有两百所剧院，但是成年人想看的剧目不超过三个。除去《奇异的插曲》《浮士德》，也许还有别的一部，其余都是该丢掉的垃圾。你所受教育中的大部分音乐喜剧不过是资产阶级的滑稽戏，它的幽默就是闹剧，比如被关在酒吧后面的房间里。它对裸体美国女孩的赞颂完全不是出于美感。去买张票坐在这些庞然大物的前排，你的幻想会再一次破灭。

当你们从音乐喜剧转向电影时，悲观主义会进一步加深。总是那些雷同的幼稚的爱情故事，总是一样的暴力和夸张，总是明目张胆、唯利是图地用性来吸引观众。在粗俗日益本土化的时代，那些电影的名字如“罪恶之街”“虚构之罪”“群氓之女”,像濒危职业的中介一样贪婪地强迫你去看。你们是老于世故、被解放了的一代，你们有没有意识到这些淫秽电影的经理人就如同古代神学的布道者一样机灵，完全迎合了你们的本能？我承认也有一些例外，比如《迪斯累里》《战舰波将金号》《铁翼雄风》，卓别林的幽默与伤感以及那些让孩子们开心的无害的喜剧。但是你们如何看待你们这一代呢？不计其数的人泡在色情文学的宫殿里夜夜笙歌。难怪你们是悲观主义者。

我能理解你们。城市人口的大量积聚使得最赚钱的戏剧内容局限在大多数不成熟者理解和有偏见的范围内。你们要么随波逐流，要么孤独一人。你们还没有学会在孤独时以自己为伴，那要依靠教育而不是老于世故。因此你们只能随大流。也许你们很痛苦但又不敢说出口，就像为了维护自己的社会声誉而大口喝威士忌的小伙子一样。在痛苦挣扎之后，你们就会随波逐流，去酒店或夜总会。野蛮人曾经被苦行僧和巫医欺骗，而你们更容易被别人肆无忌惮地欺骗。你们不得不忍受着原始人的音乐，因为这些音乐已经成为每一顿公共用餐的必修课。也许你们会阅读关于电影“艺术”和深奥高贵的“爵士乐”的书，也许你们还会写这些书。我能理解你们为什么是悲观主义者了。

第三十六章

悲观主义的成因

然而上面说的这些现象并不是成因而是后果。说句公道话，你们悲观主义的根源远比风中的芦苇深得多。你们不仅记得一场疯狂的战争，还有充分的理由预见另一场战争，并且这场想象中的战争的致命性是上次战争的七倍。去年在一个中西部城市，我看到了停战日游行。我希望它是为了纪念和崇尚和平。也许这个城市里的德国人和奥地利人会和其他血统的美国人并肩前行，象征着争吵的结束和兄弟情谊的恢复。也许不再有枪，只有哀悼所有军队亡灵的音乐，相信世界各国的青年人从今以后都会热爱和平，因为和平比战争更光荣。但是整个城市（或者它的官员们）似乎并不关心和平。他们没有沿街欢呼，也没有成群结队地加入游行。在这座二十万人口的城市里，参加游行的不到一百人。首先出现的是一些面色苍白、举止得体的护士，她们很高兴能从可怕的医院里逃脱一小时；然后是一些贫穷卑微的老妇人，可能是儿子战死沙场回不了家的母亲；再然后是城市里的流浪汉、鱼龙混杂的船员；最后是一群男孩，自豪地扛着枪，炯炯有神地向爱着他们的火神前进。脆弱的内心使我转过身去，免得这些勇士们看得我动了感情。是的，我们似乎必须再次经历疯狂，也许还有很多次。战神上次挥舞的军刀只是伤了我们的皮毛，现在我们必须忍受他下一轮的暴怒攻击。如果你们是因为这个原因而成为悲观主义者，那我无言以对。

还有另一场战争，同那些打断我们现代生活的野蛮战争一样可怕，那就是工业战争。国家之间、阶级之间相互斗争，劳动力在其中流血，斗争策略使人挨饿。几天前，我在皇后区大桥上看到有人在用电钻工作。别人告诉我，这种人会遭受神经紊乱的折磨，并会早逝。这也是战争。这里有一群人已经罢工近一年了，他们排着队去工厂，诅咒那些将要替代他们的人。警察来了，子弹与棍棒、砖块交相混战，妇女在恐慌中被踩踏，受害者的尸体被送回哭泣的孩子和尖叫的妻子身边。这也是战争。我看到在一片所谓的繁荣之中，经济生活的高速发展、错综复杂以及缺乏信任的不安全感使得工人和办公人员都疲倦而憔悴，那是一张张水深火热、困苦不堪的脸。我看到雇主剥削雇员；雇员又对雇主阴谋使坏；商人欺骗妇女；批发商强迫零售商接受伪劣产品；地产大鳄欺骗渴望有个家的夫妇；建筑商贿赂政客和警察允许他们在街道上乱扔建筑垃圾；铁路大增，破坏了农业；商人利用海军陆战队为他们的货物打开市场。先生们，这也是战争。

昨天我经过一个以矿业为主的州：一个接一个的城市里，煤尘布满街道，天空都被染黑了；黑乎乎的工厂在空中挥舞着闪光的旗帜；煤坑里的房子摇摇欲坠；矿渣堆成了山，挖空的矿山一片狼藉；泥泞的街道上挤满了棚屋；衣衫褴褛的孩子们目光呆滞地看着火车；妇女时不时地抬起空洞而死气沉沉的眼睛；男人已经看不见了，终日迷失在地表深处。谢尔曼将军说，这也是地狱；沃尔特·惠特曼说，这场战争比由荣誉和痢疾构成的战争更糟。

今天我也下了矿井：穿上粗布衣服，套上旧雨衣、靴子，戴上前面带电石灯的矿工帽子，看着大滑轮升起升降车，我踏进铁筐内，在喧闹与黑暗中下降了一千六百英尺，直至进入地壳。长长的隧道内，灯光昏黄，铺着木板的地面泥浆四溅，地下河在我们脚下咆哮奔流。架空线就在我们帽子上方两英寸处,不能触碰,否则就会当即倒下。铁车载着铁矿石隆隆驶过，我们被挤得只能紧紧贴在潮湿的岩石上。每个场地都有巨大的横梁，在我们头上支撑起上千吨的泥土和金属。在这昏暗得永远只有一半能见度的地下墓穴里，一个矿工正在保护通道防止坍塌。在隧道的尽头，一群矿工正在挖矿。他们中有老人、中年人、年轻人，但看上去都很衰老，他们无精打采、一声不吭。他们工作的时候一句话都不说，只有捡石头的咔嗒声、锤子的嘎吱声、铁锹长长的刮擦声、钻头那奇怪的颤动声。一双双大手已经变成了泥土色，阴冷的脸上溅满了黑泥，终年不见阳光的两颊苍白下垂，眼睛和舌头一样呆滞沉默。他们心中充满怨恨与怜悯，想着同处陷阱的朋友的命运，计算着冗长的工作时间和微薄的收入。毫无生气、没有灵魂的男人们无辜地被迫不见天日，还未过世就已经进入了地狱。但这只是我们上万个矿井——铁矿、煤矿、铜矿、铅矿、银矿、金矿、铂矿、钻石矿中的一个。这些都是现代工业的基础。这肮脏的地下洞穴吞噬了人类的生命，只为了建筑中的每一根大梁、铁路上的每一条轨道、军械库里的每一支枪、发动机上的每一个零部件、轮船上的每一颗铆钉、铸币厂里的每一枚硬币、胸针上的每一颗宝石和工厂里的每一台机器，这就是一个充满金属、蒸汽、速度、力量、繁荣和财富的世界。伟大的神啊！我宁可做一个残暴沙皇统治下的中世纪农奴，死在阳光底下，也不要在潮湿污秽的地下洞穴里生活一时半刻。

即使人们内心厌恶政治，但在这样的情况下，政治还是产生了。老百姓在投票选举过程中经历了狂热的自我分裂和自我消解，这是具有示范意义的,表明有组织的少数人可以决定所有的初选和选举。但是这些（政治）“机器”对那些不愿妥协不愿被收买的人来说没有用。这些机器会按其本质，通过运作，自动地甚至更彻底地将那些正直的受过教育的人排除在政权之外。大城市和上万个市镇在那些不入流的、卑躬屈膝的、贪污受贿的人的统治之下衰落了；每个行政部门都无能而腐败；税收多如牛毛，巨额开销白白地花了出去，没有任何收效；公共工程瘫痪了，公共利益被忽略或被廉价出卖了；犯罪与这些“机器”狼狈为奸；骗子榨取商人的血汗，勒索赎金以免被谋杀；不计其数的娱乐中心和俱乐部发生暴乱，上街变得很不安全。恐惧让诚实的人缄默了，抗议不再流行。这就是曾经作为世界希望的民主的结局。

漂亮的房子成了人们逃避外部世界的避难所，家家户户鲜花环绕、绿草茵茵，但我不得不承认，那里的人们生活得并不幸福，私人生活和公共景观一样粗俗腐败。爱能维持多久？恨有多快可以痊愈？看看他们，这个男人和他的妻子：他们衣着时尚，汽车装饰一新，家里配备了各种服务设施，身体舒适，饮食精致。丈夫为了实现妻子的每一个梦想，不顾尊严、不顾健康地工作，却没有得到她的一句赞扬，自然也没有得到幸福。他疲倦至极，再也无法忍受妻子迫使他维持的这种矫揉造作、奢侈的生活。他对她所有的弱点、缺点、贪婪、冷漠和懒惰了解得一清二楚。他厌倦了她的爱情魅力和宠爱，所谓的忠贞早已被抛诸脑后。他暗暗地想，如果她死了，何尝不是一种恩赐。

她也曾经爱过他，但是他现在变得乏味无趣，全身心地被束缚在工作中，下班之后筋疲力尽，再没有花前月下、你侬我侬。她怀念结婚前的激情，渴望银幕上的爱情桥段。没有爱情的生活是如此空虚，她的双手不需要做家务，她的头脑不需要思考，她的思想不需要承担任何责任。她痛苦憔悴，暗示医生推荐她去旅行。于是，她抛下工作的丈夫，环游世界。她不喜欢亚洲的污垢和金字塔的荒凉。她从饮食和通奸中获得慰藉。外面的世界破灭了她的幻想，她回到乡村的家，对着鸟儿唱唱歌，写写风景诗，渴望城市的刺激生活。如果她的丈夫很有能力或很大方，会给她提供一所城里的住宅。但是每次提到更多的开销，他就勃然大怒，指责她不忠，试图通过买醉来忘记她。她也偷偷地想，如果他死了，何尝不是一种恩赐。

死，死，为什么他们的耳边总响起这个词？他们才三十五岁左右，坟墓的幽灵就已经萦绕在他们孤独的思绪中。她生过一个孩子，但是一出生就死了。她再也不想经历那愚蠢的折磨了。有什么比出生更可笑，比死亡更可怕呢？他的父母都过世了。她的父亲被西部的洪水淹死了，母亲发了疯，她那人见人爱的哥哥死于猎枪的流弹之下。一个侄子死于小儿麻痹症，另一个死于手术的细菌感染，一个表兄死于战争。死亡，死亡，死亡。也许他们自己就是下一个。为什么一个人在等待死亡来临前要经历那么多年的劳苦与忧虑，历经疾病、衰老和退化？自杀也有这么多痛苦吗？自杀的最好办法是什么呢？氰化物据说很有用——在水下切断静脉或许更好一点儿？感谢上帝赐予我们睡眠，可以让我们暂时平复所有的疑虑，治愈所有的仇恨！

亲爱的悲观主义者，你们已经或即将感受到这些事情，要不是宗教带给胆怯心灵的安慰，你们会对不完美的生活更加嫌恶。你们不要对死后有所期待，既没有天堂也没有地狱。你们的痛苦没有回报，你们的敌人也不会得到惩罚。有一种信念认为，头脑简单的男男女女最终造成了世界上所有的错误，这对你来说其实只是一个谎言、一个喜剧或一个悲剧。最终人们都将受骗，至死都被生活牵着鼻子走。人类的死亡不是形而上学的，而是如动物的死亡一般实实在在。因为你们无所期待，所以即使不再醒来，即使没有末日审判的号角来召唤你们去天堂，你们也不会感到失望。

也许想象力的贫乏会让你在孤独沉思的时候有点儿忧伤，远古的希望在你心中隐约回响，自从上帝死后，世界似乎就不那么美好了。穷途末路的东方宿命论在西方扎下根来，就像古老而善于冥想的东方社会用西方的思想和机器来振兴自己一样。但是你们不会再胡说八道。正如你所见到的，人类终有一死，人只是一个普通的自动化装置，有液压、化学合成、电离、卡路里、反射作用、肌腱、韧带和骨骼。他的命运就是从成熟、腐烂到成为虫子的食物这样一个唇齿间的轮回。虫是家禽的食物，家禽是人的食物，人又是虫的食物。所有的生命都以其他生命为食。在这个无助的星球上，所有的存在都靠斗争、征服和杀戮。唯有一件事会恰如夜的来临一样充满必然性，那就是所有的东西到最后都会被吃掉。看看你脚下踩着的那些盲目的小虫子，蠕动几下后就躺着不动了。死亡主宰万物：青春、爱情、友谊、人类、国家、文明、物种、地球和太阳都会死。一切都是虚空，都会随风飘散。正如你们的哲学所见，生活充满了痛苦和悲伤的痴人说梦，终究毫无意义。难怪你们是悲观主义者。

第三十七章

悲观主义的疗方

我试图对你们坦诚，把你们悲伤的原因描绘得如同泰门描述的那样灰暗。但我遗漏了一个最为根本的原因，这个原因会成为改变你们情绪的转折点。这也是因为我还没有揭穿你们的秘密，即你们之所以愁眉苦脸地生活，是因为你们的肉体和血液里有一些生理疾病。不要发火，脱去衣服，让医生到处敲打一下，记下他皱眉和怀疑的地方。按一般标准来说，你属于身体健康的——血液充沛干净，头脑不依赖于兴奋剂就能保持警醒，感官敏锐，肌肉强壮，肠胃舒适干净。你认为自己会是一个悲观主义者吗？告诉我，如果你正迈着大步走在最前面，发球时不时地落在线内得分，你还会为垂死的戏剧和腐朽的艺术、战壕与工厂里的战争、华盛顿和纽约的腐败、国内外的骚乱等所有这些感到烦恼吗？如果美丽的手臂绕着你的脖子，或是有胖乎乎的孩子在你的膝盖上蹦蹦跳跳，你还会因为担心宇宙的命运或共和党的命运而心情低落吗？假如关于生活是否值得过下去这个问题，不在于生活，而在于你呢？

生活就是如此。我们得承认，对生活的青睐有加是值得的；我们得承认，万物皆会死亡，太阳总会落下。生活虽然总有这些弊病和局限，但如果我们给它半点儿机会，它是否依然是上天的礼物呢？

举个例子，像我这样，一整天都坐在火车上，再没有比这更不自然或更可笑的了。一到晚上，我就无精打采，这是生活的过错还是我的过错？那么你呢？你今天坐了多久？如果你只使用那些久坐不动的肌肉，那还能指望大自然赐予你最好的东西吗？你会勇敢地和你的邻居去田野里锻炼吗？还是你所谓的运动都是有人代理的，你只是坐在看台上看他们打棒球，或是为他们的拼命而兴奋呢？你恐怕是一个内向的知识分子吧？善于思考却从不付诸行动，知识渊博却在一个健壮的无产者面前畏缩不前。为什么体力劳动者虽然忍受着剥削和繁重的劳动却依然很快活，比商人和文士有更多的欢声笑语？为什么他们的车间和家里比资产阶级的办公室和宫殿里有更多的歌声与嬉戏声？因为行动是健康的秘诀，而健康是幸福的秘诀。到外面去，晒晒太阳，你不必害怕哈姆雷特危及奥菲莉亚的后果。

你吃什么、在哪里吃，你睡在哪里、什么时候睡，如果这些比婚姻的变迁、人世的命运更关系到你的悲观主义呢？也许你是那种过着知识分子的懒散生活，吃着和铁匠、搬运工一样饭菜的上百万人之一？只有上帝知道，在这充满了饭店、苏打糖浆、变质或人造食品的年代，我们怎么可以避免悲观主义。烹饪的倒退损害了现代生活，这是许多哲学思想的源头。成个家吧，雅克，即使你必须先结婚。晚上回到自家的餐桌上，让吃饭成为生活的乐趣而不是痛苦之一。乐观的基础建立在日常饮食的快乐之上。

今天我们在日常生活事务中所遭受的痛苦远甚于许多代人，因为机器、人群、印刷和噪声的刺激磨损了我们所有的神经保护组织，我们像破碎的心灵那样敏感。当然有失也有得：敏感同样可以使我们的知觉更敏锐；反应范围更广；能更好地控制纤弱的生理机制；在受到数以千计的刺激时，肌肉和感官之间可以更加协调地做出快速反应；可以使我们有能力做到原始人或中世纪人完全不可能做的事。我们就像音乐家一样，他那“受过良好训练的耳朵”使他一听到噪音或另一个音乐家的演奏就会感到痛苦。他为天赋付出了代价，他的美德也有缺陷。但他会考虑放弃天赋摆脱痛苦吗？现代人也不会舍弃敏感，因为敏感使他们生活的满足感、充实感、痛苦感都加倍了。

上星期因为交通堵塞，我被堵在了第五大道，于是有机会放松一下，研究一下现代文明。我的两边都是汽车和卡车，相互挨得很近，连挡泥板都碰到了，司机们交流着人生哲学。这只是上千条挖开的道路之一，就已经使纽约看起来像一个采矿营地，它妨碍着城里车辆的来来往往，一片混乱。道路中央，交通警察一声不吭、沉着冷静地站在那迷人的一平方英尺空间内，冒着生命危险准确指挥五万个司机，他不急不躁地指认着方向，还有时间和路过的朋友聊聊天。男男女女在车流中穿行，毫不担心会有事故和意外。男孩们沿着人行道推着笨重的衣架，一个鲁莽的小伙子，发育有点儿迟缓，骑着自行车像穿越迷宫一样曲折前进。没有人兴奋，也没有人提高嗓门。混乱的一切在悠闲和平中持续着，仿佛这一切只是精神病院中的一幕，只不过这个“精神病院”里住着的是温和的疯子。这些人的神经韧性、自制力和好脾气都让我惊叹。

如果我有任何理由可以作为借口的话，我就不愿意住在这样的“精神病院”里。即使人们不知道速度、噪声和接连不断的危险也会成为毒药，进入血液、破坏健康，也肯定会厌倦这种狂野的生活步伐，需要找个避难所。对我来说,在大城市里生活了十五年我已经受够了。为了放慢生活节奏，我决定住到那些看花开花落、云卷云舒的地方去。我在长岛上租了一间小屋（如果你想知道我的试验的话），离疯狂的城市大约十六英里，如果我的乡村情调发生了变化,可以随时打包走人。这个冒险（或者说逃离冒险）只持续了一年，时间太短了，来不及得出什么永恒的真理。但我对那种生活的喜欢与日俱增。当我从西区慢吞吞地开车回家时，正是对这种生活的强烈渴望支撑着我写下了这几页。那是一个小镇，大约有一万人口，大多数房屋的租金低于纽约公寓的平均水平。为了去“精神病医院”，我要沿着安静的街道走十二分钟，这条街夏季会被浓郁的树荫遮盖，冬季则会铺上洁白的雪。我搭上一辆干净宽敞的火车,半小时后就身处音乐喜剧、电影、灰尘、噪声、地下铁、高架铁路、漫天的报纸、歌剧、自助餐厅、露天扩音器、天空中闪烁着的广告语、不计其数的汽车、成千上万个寻找避难所的受伤的人的中间。一旦走出这个伟大的“精神病院”，你就明白它究竟是什么了。除非“精神病院”的狂热病已经无可挽回地深入你的骨髓，否则当你可以避开它的时候，你就应该像避开地铁高峰期一样避开它。从远处观望，城市是如此俗气——唯一可取的就是午夜人群中那静静矗立、空无一人的图书馆。

不，我不会去那里，除非是爱人或友人拉着我去，或是来了一些无法通过电视收看的伟大艺术家，他们可以使喧嚣暂时变得有价值。我想待在能够怡然自得的地方，而不是泯然众人。我希望当我醒来的时候，耳边回响着鸟叫声，明媚的阳光洒在房间里；当我穿衣服的时候，我想看到树木在窗边摇曳——春天散发着青春的绿色，冬天挂着冰柱闪闪发光。我想和小女儿走着去上学，呼吸新鲜空气，这让我身体健康、精神矍铄。我希望我工作的书房光线充足，壁炉舒适，远离疯狂的人群。我想和家人在自家的饭桌上吃着从地里长出来的、由爱人亲手做的粗茶淡饭。我想在家里四处闲荡，这里修修、那里补补，体验业余技工和木工的快乐。我想在秋林里散散步，在秋阳下沉醉于秋天的色彩。

看看这些树，桦树、松树、铁杉、山核桃树以及像妓女一样擦了胭脂、潜藏着危险的漆树。我从未见过如此纯粹的黄色或红色，这是一首透纳、华兹华斯和贝多芬都无法共同谱写的交响曲。山坡上点缀着荒凉的灰色岩石；山谷里奶牛默默地吃着草；再往上看是一座称心如意的漂亮小屋，孩子们在草地上和牧羊犬玩耍。即使是秋天这样忧思惆怅的季节，也非常值得一看。这些狂热的颜色是秘密隐藏生命的象征，在那枯死的落叶中隐藏着许多复活的种子。当我在写这本书的时候，落叶四处飘零；当你们读到这本书的时候，整个世界应该又变得绿油油了。让我们从树木和泥土的浆汁中汲取养分，让自己的精神焕然一新。

每个天空晴朗的晚上，我们会倚在阳台观看太阳下山前的晚霞。阿里尔说：“太阳下山真是个悲剧啊！”我会让她相信这根本不是悲剧，太阳没有消失，只是我们背过了脸而已。当我们再睁开眼时，它又会在那里等我们了。

第三十八章

思考当下之不如意

你们说，太阳下山之后就是浪漫的月光满地，但是它对消除人类的痛苦无济于事。工业和政治的罪恶、家庭生活和个人命运的灾难始终存在。即使我们看着秋日的树林或火红的天空，剥削和腐败依然存在，人类仍然会走向丧亲、战争、疾病和死亡。

的确，对那些必须忍受命运残酷切割的人来说，鼓吹乐观是一种侮辱。但即使是他们，也会渴望生活，会用希望来安抚自己，直到最后还在为疾病寻求慰藉。对我们大多数人来说，生活不好也不坏，只是在好与坏之间会有些不偏不倚的摇摆。大部分日子都是中性的灰色，快乐与痛苦总是来来去去，它们是生活图景中意外的巅峰时刻。光明时刻与黑暗时刻哪个占主导地位，部分取决于伟大的上天机遇，部分取决于我们自己。有些人生来就像生病的姑娘一样，抱着病痛不放，啜饮着同情心。有的人则身体健康、头脑清楚，愉快地克服生活中的各种困难，一旦伤口包扎好，他们就将其抛诸脑后，无论是生活的要义还是教训，他们都会有意识地宣称欢迎。

至于我（因为这些事都是不可辩驳的个人问题），最近几年不可思议地幸运，我承认我的偏见是在为现实说好话。我试图把别人的痛苦看作自己的痛苦，但是天性让我这个自杀式的计划没有成功。上周，我得了传染病，好几天我烧得像朵红玫瑰，心情抑郁得像痛苦的牧师。现在麻烦过去了，身体逐渐恢复让我高兴过了头，我带着对生活的热情在街上跳起舞来。感谢上天赐予我们阳光与草地、清新的空气和环抱的绿树，赐予我们女性温柔地迎接孩子们的拥抱。在这种非理性情绪支配下，我可以从各种事物中得到补偿性的慰藉。

你们谈到了经济世界的紧张、残酷和不公正？我对此有所了解。但我不会忘恩负义，因为工业时代为我们带来了无尽的舒适和力量。仅仅是我们使用的水管，对一个中世纪的国王来说都算是奢侈品了。我们得到了公共卫生系统和医药进步的庇护，可以抵御上百种疾病和流行病的侵袭。那些病痛曾经威胁到每一个生命，使一半人都早夭了。我们谈到了贫困，它是真实存在的。它曾经无处不在，并对我们虎视眈眈。现在我们必须到贫民窟去才能看到它的毒害性。我们遇到的大部分人看上去都能丰衣足食。以前有哪个国家的老百姓是死于饮食过度而不是营养不良呢？我们谈到了人类的奴役，这也是真实存在的，尤其是在那些被帝国统治侵犯的土地上。但是和一个世纪以前相比，现在的欧洲或美国还留存了多少呢？由于对欧洲移民和出生率的限制，美国的劳动力价格日益昂贵。而随着发明的增多和水资源的利用，机械力的价格日益便宜。只要再过一代或两代人，上升的人力成本将会和下降的机械力成本持平。那时亚里士多德的梦想就会实现，“织布机能自动织布”，奴隶制将过于昂贵而无法生存。

这里正在造一幢大厦，除了几个疲惫的苦工外，看不到一个建筑工人。反而是这些铁匠、泥水匠、木匠、瓦工、水管工、电工的薪水超过了一般的商人。在车站，我看见卡车载着行李，过去这是由疲惫的人力拉着的。在底特律，我钦佩地站在一旁看两个男人在没有帮手的情况下，以每天三个街区的速度挖一个八英尺宽的大沟渠，他们一个人操纵着巨大的蒸汽铲，另一个人用万能的脚趾头移动一辆五吨重的卡车。如果我去告诉他们中任何一个人他是个奴隶，他也许会告诉我，我只是个教授。他们的工资让许多教授羡慕。但是同样在他们今天愉快胜任工作的这个地方，五十年前一百个移民为了一份还不够买面包、洋葱和啤酒的工资，要长时间地辛苦劳作到筋疲力尽。曾经充满了潮湿的蒸汽和肮脏的油脂污垢的工厂里，清洁电力占据了支配地位，一切都像新英格兰的老式家庭一样整洁。数以千计的设备保护了工人的生命和四肢，保险可以在他发生意外或生病的时候提供帮助。社会组织和发明给予他的可能还没有涵盖他应得的全部，但是远远超过了他在此地的父亲和远在海外的兄弟。纺织工仍然在贫困中挣扎，矿工依然被奴役，这些罪恶的现象不会让勇敢的人感到沮丧，只会使他们成为勇于抵抗的威尔伯福斯和加里森。人不要因邪恶而哀鸣，而是要磨尖牙齿，以牙还牙。

如果我们对历史知之甚多，期盼就会少一分，安慰就会多一分。视角是关键。在知晓了理念、个人和国家命运的无常之后，我们就不会把希望全部寄托于乌托邦主义，也不会在哀叹人类已经了解并克服过的种种恶习中自暴自弃。如果一个人年轻的时候好高骛远，把自己束缚在一些不切实际的梦想中，发誓只要这个世界上还有剥削和贪污他就永远不笑，那么他的誓言是永远不会得偿所愿的，他的沮丧只是不成熟的标志。让他学习一下恺撒时代的政治，他就能更好地谅解当下。让他想一想麦洛[1]、克洛狄乌斯及其党羽的血腥暴力，他就会为自己庆幸，今天的候选人不是拿着刀而是拿着钱袋子。如果他哀悼公民自由的减少，那么当他满怀信心为此斗争时，他就会想起强大的政府是如何从一个州到另一个州追捕伏尔泰的，进步的雅典人是如何驱逐阿那克萨哥拉、毒死苏格拉底的。

至于爱情，也是因为我们的不成熟才会希望它永久长存。基本的生物常识告诉我们，一旦交配，支撑着爱情的幻想就会逐渐消退，接下来就要看我们的智慧了。如果我们在女性身上寻求的不是组成一个家庭的品质，而只是那些挑起我们疲惫肉体欲望的视觉魅力，我们怎么可能好好相爱呢？我们不能把金子花在罗蕾莱[2]身上，不能指望既得到她的温柔，又能保住我们的钱包。我们不能指望一个摩登女郎成为一个忠贞的妻子、一个好母亲，甚至是一个安全的厨师。雅克，如果你能找到一个端庄的女孩，就去娶了她。我向你保证婚姻是场战争，但是结婚总比烧钱好。战神玛尔斯的地位要比墨丘利高。

可以肯定的是，一两个孩子很快就会到来，让你夜不能寐、日不能歇，但是这些麻烦会给你带来一种新奇而莫名的幸福感。开着劳斯莱斯也不会有推着婴儿车走在街上那一半的兴奋和快乐。让那些爱挖苦的人嘲笑你吧，道理在你这一边。胖乎乎的小手臂会给你一个美好的夜晚。而此时，你那些不动感情的朋友却在公园的长椅上或是带家具的房间里打着哈欠，一天到晚想着怎么打发时间。忠爱孩子的人都不会是悲观主义者，因为孩子们

---

1. 麦洛：公元前 6 世纪希腊摔跤能手。——译者注
2. 罗蕾莱：德国民间文学中传说的女妖。——译者注

的歌声和笑声可以驱除他工作一天的疲劳，孩子们灿烂的青春岁月是他日益衰老的回报，使他勇敢接受挑战、回避死亡。这世界上再没有比孩子更让人快乐的了。

如果一个人积极生活，即使是疲倦也是美好的。难道你没有享受过老老实实劳动或比赛后获得胜利的那种酣畅淋漓的快感吗？亲爱的悲观主义者，多动动身体：去近身肉搏而不是袖手旁观；去亲手制作，哪怕折了手指；去打理个花园或工作室，这样恶魔不会找上你；去参加社区生活，为对抗现存的罪恶做出你的努力。大自然、文学和慷慨布施都能使你获得平静，变得深刻，因为森林、书本和受益人不会回嘴。如果你要成为一个知识分子，那么去和天才们交朋友，让他们成为你的座上宾，比如苏格拉底、柏拉图、欧里庇得斯、阿里斯托芬、伊壁鸠鲁、卢克莱修、彼得罗纽斯、普鲁塔克、奥马尔、瓦萨里、拉伯雷、蒙田、塞万提斯、莎士比亚、培根、斯宾诺莎、莫里哀、伏尔泰、博斯韦尔、吉本、斯特恩、歌德、叔本华、拜伦、济慈、雪莱、巴尔扎克、海涅、福楼拜、勒南、圣贝夫、丹纳、尼采、萨克雷、屠格涅夫、陀思妥耶夫斯基、爱默生、梭罗、惠特曼和阿纳托尔·法朗士。这些名字为你提供了一份书单，可以让你成熟、让你欢笑，也会教你知道最坏的、相信最好的。要是这些花了你五百美元怎么办？你在百老汇的黄金海岸不是花得更多吗？

这些人和我们一样深知生活的弊病，但是他们学会了理解、宽恕和拯救。他们赢得了智慧，使生活井然有序，他们的幸福超过了悲伤和痛苦，但可能是在质量而不是数量上。他们知道悲观主义只是“少年不识愁滋味，为赋新词强说愁”而已。我们很高兴知道这个世界还不够美好，我们不会明目张胆地摆出自我中心主义，要求全世界遵守我们的标准，或是对别人的品位嗤之以鼻。生活是我们自己创造的。如果生活看起来一文不值，那么可能是我们自己搞糟了。如果生活看起来愚蠢而微不足道，那么可能是我们自己荒谬的人生哲学造成的。

但是你们会坚持问：我们难道都要死吗？当然。正如太阳今晚会下山一样，但这丝毫不影响它白天照常升起。每一种快乐都有结束的时候，但仍然是有价值的。就像玫瑰对我们来说如此甜美，也许正因为它经受不住阴晴圆缺的变化。你只有热爱生命，才有权利去抱怨死亡。对一个诚实的悲观主义者来说，死亡才是乐观的理由。你们不应该对死亡如此反感，正如弗雷德里克对一个飞行中的战士说："混账！难道你想长命百岁吗？"三十五岁时，我们会过于哀悼死亡，有种"舍我其谁"的错觉，认为自己不需要回炉重造。但是到了四十岁，我们看待问题就会更具哲理。假如我们积极生活，认真对待自己的身体，生命将足够长久，死亡也不会太困难。也许我们已经承受了严重的病痛，那将是我们最后的痛苦。假如我们可以活到有用的极限，然后像凋零的树叶一样自然死亡，那就是求仁得仁了。我们会和孩子们、朋友们告别，就像老印第安人要求他狩猎为生的族人抛下他任其死亡时所说的："你们应该去有肉吃的地方。我的日子屈指可数了，对孩子们来说是一个负担。我走不动了，只想去死。你们要坚强，不要想着我。"我们必须为更优秀的人腾地儿。

PART 9

第九部分

进步

Pursue Happiness

第三十九章

早期的进步

遥远而又迷人的希腊似乎比历史上任何一个民族进步得都要快，但是它那丰富多元的文学没有为我们留下关于进步的只言片语。埃斯库罗斯曾经写下一段优美的篇章，是普罗米修斯讲述他发现的火种如何给人类带来了文明，并用五十行的篇幅概括了文化发展的各阶段，这一概括在美国的某些州被认为是离经叛道的现代思想。在欧里庇得斯有一小段话谈及了进步（《乞援人》）。但是色诺芬写的《苏格拉底》中没有提到这一点，柏拉图也没有提到。亚里士多德是冷静的保守主义者，他毫无疑问对这个概念不屑一顾。希腊人认为历史在很大程度上是恶性循环。那个斯塔基拉人[1]得出的结论是，所有的艺术和科学都被发明了无数次，又失去了无数次，这一论点恰好击中了从泰利斯到马可·奥勒留关于这一问题的经典观点的要害。斯多葛派劝诫人们不要期望未来。即使是伊壁鸠鲁主义者也是悲伤地享乐，

1. 斯塔基拉：希腊东北部的一个小镇，亚里士多德出生于此。——译者注

就像布拉德利先生认为的那样，“这是可能有的最好的世界，这世上的每一件事都是不可避免的罪恶”(《现象与实在》)。昔勒尼学派的赫格西亚宣称生命是没有价值的，主张自杀，可令人疑惑的是他和叔本华一样长寿。

对一个失去了自由的雅典人来说，悲观主义的产生是意料之中的。但是在罗马历史的各个阶段，拉丁文的字里行间里透露出同样的绝望。卢克莱修谈到进步就像人类学走路一样，是一步步来的，但是对于进步是否是一个错觉这个问题，他只给出一个简单粗暴的答案，即所有的事物都是一样的。如果这个伟大的诗人和哲学家能够回到我们身边，他是否还会用同样的词来描绘我们当下的文明呢？他肯定会对我们为了实现愿望而增加的大批机械和工具印象深刻。但是他也可能会不悦地问，使用这些伟大机器的男男女女在智力、体力和道德上是否比那些只能用双腿的不幸祖先们更出色呢？他可能会有兴趣听到一个年轻的妻子用吊锤杀死自己的丈夫，而同时又不得不承认人类花了好几个世纪才发现了吊锤在这方面的用处。然而毫无疑问，他会说这只是手段的差异，而不是目的的差异——弑夫自古以来就有。任时光飞逝，岁月改变，有些事物依旧如初。如果我们的进步只是手段的提高而不是目的的进步，会怎么样呢？

别的罗马人比卢克莱修更进一步，他们不仅怀疑未来，而且盛赞过去。贺拉斯盛赞往昔，塔西佗和尤维纳利斯哀叹岁月的流逝，维吉尔放弃了对新农神光辉形象的快乐想象，转而用悦耳动听的话语叙述了永恒轮回的阴郁景象，即相同事件的永恒循环和无目的重复。

还会有另一个提费斯（一个古代的预言家）和另一个阿尔戈号，

依然携带着亲爱的英雄们。战争依然会有。

伟大的阿喀琉斯还会再次被派往特洛伊。[1]

万古的沙漏将会被打翻，把不变的过去倾注到空虚、困惑的新时代。天下无新事，所有都是捕风捉影的虚空。马可·奥勒留在实现了人类最高存在形式——集政治家和哲学家于一身之后写下了这段话：

理性的灵魂游荡在世界上，穿过虚空的包围，凝视着无限，思考着宇宙周期性的毁灭和重生。这意味着我们的子孙后代将看不到任何新东西，而我们的祖先所看到的也不比我们看到的东西更重要。一个四十岁的人，拥有最合适的智力，据说可以洞悉过去、预见未来。世界是如此始终如一。[2]

是什么原因导致希腊人对进步态度冷漠，甚至充满敌意呢？是不是就如伯瑞教授认为的那样，是因为他们的历史经验短暂，希腊文明迅速达到了辉煌顶点继而又衰落了吗？还是因为他们关于过去的文字记载相对贫乏，使得他们没有意识到自己进步的程度呢？他们也经历了一个中世纪时代，花了一千年才从野蛮状态上升到哲学状态，只有到了这个上升状态的最后阶段，书写才从简单的记录发展成了文学的形式。羊皮纸的成本太高了，不能只浪费在书写历史上。又或者这些与进步无关，是因为希腊工业发展受阻，希腊人未能明显超越克里特人的技术，或是未能生产出大量供人享受的物质产品，从而奠定现代进步信念的基础。

---

1. 《第四首田园诗》，摘自约翰·伯瑞《进步的观念》，第 12 页。
2. 《第四首田园诗》，摘自约翰·伯瑞《进步的观念》，第 31 页。

中世纪时，当对天堂的希冀成为人类存在的中心时，进步的观念如同奢侈品一样，被暂时搁置起来。对来世的信仰似乎与现世的贫困成正比，这一观点关乎个人，却总是群体性出现。随着财富的增长，天堂跌出人们关注的焦点，变得苍白而无意义。但是这一观念曾经主宰了人类思想一千年。

随着文艺复兴和工业革命的来临，西欧世界变得越来越富裕。财富的成倍增长使得进步的诱惑取代了人们对天堂的希冀。现代历史上最伟大的个体事件——哥白尼发现地球不是宇宙中心——触犯了众多温柔的灵魂，但哥白尼的学说使得天堂简化为纯粹的天空和宇宙空间，这就迫使人类的精神相应地形成一种补偿性信仰，即地球上也有天堂。康帕内拉、莫尔和培根描写了乌托邦，述说了普遍幸福的迫切性。欧洲世界充斥着新贵、进口的奢侈品、出口的苦行僧和圣徒。贸易造就了城市，城市带来了大学，大学产生了科学，科学促进了工业，工业带来了进步。高康大给庞大固埃写信说："世界上到处都是学者、博学的老师和庞大的图书馆。"彼得吕斯·拉米斯（1515—1572年）说："我们在一个世纪里所看到的人类和知识作品的进步要比我们祖先在过去十四个世纪里所看到的还要大。"这是一句具有讽刺意义的话，哪个世纪不是用这种夸大的评价来为自己加冕呢？但是这种自信是文艺复兴的主基调，是弗朗西斯·培根字里行间的高潮点，直接击中了欧洲文明的主旋律，与亚洲文明的灵魂形成对比。很显然，进步的概念对于工业文明和世俗文明来说，就像中世纪基督教对天堂的期望一样。对进步和民主的信仰是现代思想最珍贵的信念，也是我们所有社会哲学的思想精华所在。假如抛弃了进步和民主，我们将成为有史以来最无知和最荒谬的一代。

第四十章

进步的赞歌

进步的观念第一次得到明确的阐释是在充满乐观主义的18世纪。卢梭有点儿不合时宜，相比那些使他神经紧张的无情的巴黎人，他更喜欢素未谋面的美洲野蛮人。他认为思考是一种退化的形式，鼓吹过去的黄金时代，那是与伊甸园和人类堕落相呼应的时代。但是当我们读到情绪高涨、毫不气馁的伏尔泰时，我们首先感受到了启蒙时代令人振奋的气氛。这位思想巨人对我们游牧的祖先不抱任何幻想，他知道处于文明状态的人类要比处于野蛮状态时更富裕。尽管人类野蛮状态的驯化过程缓慢而不尽完美，但他依然为之庆幸。他更喜欢的是巴黎而不是伊甸园。

正是伏尔泰的弟子杜尔哥和孔多塞，使得进步的观念成为现代社会的精神动力。1793年，一个叫孔多塞（孔多塞侯爵）的法国贵族逃亡到巴黎郊外的一个小旅舍里。那个一贯残酷的卢梭主义者、清廉的罗伯斯庇尔请了孔多塞来又削去了他的爵位，因为他像托马斯 · 潘恩一样投票反对处死国王。就这样在一个孤独的小房间里，他远离朋友，连书都没有，一般人可能会写出悲观绝望的颂歌，但是孔多塞却写下了人类最乐观的书，即进步文学的经典名著《人类精神进步史表纲要》。在完成了关于人类光明未来的伟大预言后，孔多塞从巴黎逃到一个遥远的乡村旅馆，在那里，他认为自己安全了，就把疲惫的身体往床上一扔睡着了。当他醒来时发现自己已经被宪兵包围了，他们以法律的名义逮捕了他。第二天一早，他被发现死在了乡村监狱的地板上。他总是随身带着一瓶毒药来躲避断头台。

读了他的书，我们才意识到自己属于幻想破灭的无神论一代。这显然是一个失去了一切的人，他为大革命牺牲了特权、地位和财富，还被掌握权力的野蛮人追捕致死，他不得不忍受极大的痛苦，看着作为世界希望的大革命成为混乱和恐怖。但是他的书代表了一个人追求人类希望的最高境界。人从来没有如此信任过人类，也许从此以后也不会了。孔多塞表现出如此雄辩的口才，比如在出版问题上，他确信出版物可以拯救和解放人类，但没有预见到新闻的轰动效应。他写道："大自然把知识的提高与自由、道德和尊重人类自然权利的进步不可分割地联系在一起。"社会的繁荣会"使人变得有人情味、仁慈和正义"。他阐述了启蒙时代最著名和最有特色的教义之一："人类能力的提高是无限的，人类的完美性也是绝对不确定的。从今以后，这种完美性的进步将凌驾于每一种阻力之上，除了大自然赋予我们地球的持续时间之外，别无其他限制。"

最后，他描绘了一幅诱人的未来图景——他说的就是我们的时代：随着知识的传播，阶级之间、国家之间的奴役现象会减少，"我们会迎来这样一个时刻，天底下都是自由国度，只有理性主宰着他们。在那里，暴君和奴隶、祭司和他们愚蠢而虚伪的法律制度将不复存在，只出现在历史中和舞台上"。科学将成倍地延长人类的寿命，女性将从男性的压迫中解放

出来，工人将从雇主的压迫中获得解放，人民主体成为国王，也许人类将会忘却战争。他在结尾处激昂地写道:

> 要经过多少令人敬佩的深思熟虑才能形成这种对人类的看法，以安慰那些哀叹世界遭受着错误行为、明目张胆的不公正行为以及犯罪行为玷污的哲学家。正是这种对未来的憧憬，才使得他感到为推动理性进步和建立自由所付出的一切努力是值得的。他大胆地把这些努力看作人类命运永恒锁链的一部分。在这种信仰之下，他发现了美德的真正乐趣，发现了任世事变迁、永远为人类服务的快乐……这种情感是他退役后的庇护所，是他忘却被迫害的避难所。他把自己想象成一个享有权利、摆脱压迫，在幸福道路上大踏步前进的人。他忘记了自己的不幸……他不再生活在逆境、诽谤和恶意中，而是成为那些更智慧、更幸运的人的伙伴，而他曾经为这些人获得令人羡慕的条件做出了贡献。[1]

这是一个多么慷慨的乐观主义者！一个多么有勇气的理想主义者和热情的人文主义者！我们还能鄙视孔多塞的天真狂热吗？还能鄙视我们这个时代知识分子的怯懦吗？正是这些知识分子实现了孔多塞那么多的梦想，使我们不敢对剩下的梦想抱有玩乐的心态。

这种启示性哲学的背后是商业和工业的革命。这里出现了名为机器的新奇迹，它们以前所未有的速度和数量生产了生活必需品和一些奢侈品。所有生存需求的满足、贫困的消失都只是时间问题。边沁和穆勒认为，大

---

1. 《人类精神进步史表纲要》英译本，第 244 页。

约到 1830 年，英国就可以为它的人民提供普及教育。而随着教育的普及，到 19 世纪末，所有严重的社会问题都会得到解决。孔德把所有的历史都看作三段论式的进步,从神学到形而上学到科学。巴克尔的《英国文明史》（1857 年）激发了人类的希望，那就是知识的传播可以减轻人类所有的病痛。两年后，达尔文说："现代思想的世俗化倾向被极大地提高了，乌托邦即将来临的思想不仅取代了但丁所讲的朦胧天堂，还代替了卢梭往昔的黄金岁月。"斯宾塞把进步等同于进化，并认为其不可避免。与此同时，发明创造从无数思维敏捷的头脑中倾泻而出，财富明显地增长。科学从神学的枷锁中最终释放出来之后，似乎就没有什么难事或是不可能的事了。星星都可以称重量，人类勇敢地接受了长久以来鸟（对飞行）的挑战。还有什么事是人类不能做的呢？在战前那些相互信任的岁月里，我们对人类有什么不信任的呢？

第四十一章

反对进步

然而，即使财富和权力在持续不断地积累，并由此构成了西方文明的特色，仍然有声音质疑进步的现实性和价值。马基雅弗利在繁荣的文艺复兴鼎盛时期说："一直以来，人类世界都是相同的。不同地区之间确实存在着差异，但总体呈现出相同的风貌，即有的社会走向繁荣，有的社会面临衰落。"丰特内勒在他的《死亡对话》（1683 年）中描绘了苏格拉底和蒙田讨论的进步问题，他们显然是身处地狱中，这是所有哲学家的终归之处。苏格拉底很想听听在他吞下致命的毒药之后人类所取得的进步，当知道人类大部分还是残酷无情时，他很沮丧。蒙田让他相信，世界在退化，再没有如伯里克利、阿里斯提得斯或苏格拉底之类的伟大人物了。老哲学家耸耸肩说："在我们那个时代，我们对祖先的尊重超过了他们应得的，现在我们的子孙对我们的尊重也超过了我们应得的。因此，我们的祖先、我们自己和我们的子孙没有什么区别。"丰特内尔对此做了简略的总结："人心都是一样的，知识使它更加完美；激情、美德和恶习没有改变，只有知识在不断增长。”[1]

埃克曼说：“人类的发展似乎是历经千年的事情。”歌德回答道：“谁知道呢？也许要历经几百万年。但是只要人类能够坚持下去，其发展的道路上总会有阻碍，有各种各样的困境，促使其不断发展壮大。人类会变得越来越聪明、智慧，但至少在有限的一段时间内，人类不一定会变得更好、更幸福或行动更有效。我觉得人类无法再愉悦上帝，上帝必须重新创造人类的时机马上要来临了。”叔本华说：“基于同样的道理，历史的箴言应该是继续有效的。”——同样的主题，不同的版本而已。尼采说，人类并不是在进步，进步甚至从来都不存在。进步就像一个巨大的生理实验室，无情的大自然永远在里面做着实验。在这个实验室里，每个时代都有一些东西成功了，但大部分都失败了。浪漫主义的德国就是这样结束的。

迪斯累里是最早感觉到生理进步和道德进步不同、能力提高和目的性提高不同的人之一。“欧洲人谈进步是因为在一系列科学发现的帮助下，他们建立了一个把舒适误认为文明的社会。”（据丁因格记载）“启蒙之后的欧洲社会并不幸福。它的存在是一种被称为进步的狂热状态。什么进步了呢？”一个叫拉斯金的有钱人质疑进步和财富的实质：相比塞缪尔·约翰逊或莎士比亚或乔叟时代的英国人，现在这些富裕的店主和运货商是否就是更高等级的人种呢？卡莱尔和托尔斯泰承认，人类实现目标的手段有了巨大的进步，但是如果这些前所未有的力量只是增长了人类的能力，去达到如从前般矛盾、愚蠢、自我毁灭式的目的，那么进步又有什么用呢？

大约在1890年，亚瑟·贝尔福爵士以他天才而惊人的方式指出，人

1. 诺尔道：《历史的解释》，第286页；伯瑞：《进步的观念》，第99页。

类的行为和社会组织不是建立在进步的思想上，而是建立在千年不变的人类情感和本能之上。他认为这就是我们不能把知识的增长等同于更大的幸福或更持久和平的原因。甚至知识的增长也是造成我们这个时代悲观情绪的部分原因。《传道书》上说知识越多越悲伤，这种说法的现代版化身进一步肯定了这一观点。阿纳托尔·法朗士说（如果我们相信负责记录的秘书的话）："全世界最不幸的生物就是人。有人说'人是造物之主'。我的朋友，人其实是痛苦之主。"

社会主义者对现代工业的批判削弱了我们对进步的信仰。为了努力使人们切身体会到当下的不公平，他们把往日的知足和安宁理想化了。拉斯金、卡莱尔、莫里斯和克鲁泡特金描绘了一幅理想的中世纪图景，让人们向往成为依附于土地的农奴，他生产所得的一部分及其妻子都进贡给主人。与此同时，自由主义对现代政治的批判揭露了官僚机构普遍存在的腐败和无能，使我们不得不质疑一个世纪以来被我们奉若神明的民主的神圣性。印刷业和出版业的发展明显导致了美好心灵的贬值，而不是丑恶思想的提升。平庸在政治、宗教、语言文字，甚至在科学领域都大获全胜。北欧人类学和信仰哲学与谷仓优生学和维也纳心理学展开竞争。新闻取代了文学。电影艺术取代了戏剧。摄影将绘画从现实主义推向立体主义、未来主义、点描主义和其他致命的混乱主义。在罗丹那里，雕塑上刻满了折痕，表现的是一种痛苦。20 世纪的音乐开始与中国精美的餐具相媲美。

艺术的消逝和战争的来临动摇了我们这个世纪对进步的信仰。工业的蔓延和贵族的衰败共同导致了艺术形式的恶化。当工匠被机器取代时，他们还保留着自己的手艺；而当机器不得不为其产品寻找更广阔的市场时，机器就必须调整自己的产品来满足大多数人的需求和品位。标准化、数量化和庸俗化代替了设计感和美感。如果贵族作为审美判断的源泉可以渗透老百姓的生活并流传下来，那么可以想见，工业和艺术已经找到了和平相处的方式。但是民主必须为大众在艺术和政治上的主权付出代价。普罗大众的品位成了制造商、戏剧家、剧作家、小说家，甚至画家、雕塑家和建筑家的指挥棒。成本和规模成为衡量价值的标准。新奇取代了美感和工艺，成为艺术的目标。贵族的品位是几个世纪以来特权文化形成的，而现代艺术家由于缺少这种贵族品位的启发，不再寻求构思和操作的完美，只是追求惊世骇俗的效果，这种效果毫无疑问会被称为原创性。绘画变成病态的（柯立芝先生用于形容现代绘画展的恰当之词）。当建筑只是为了保持十年而不是几个世纪时，其辉煌发展也就停止了。音乐走进了贫民窟和工厂，为高贵的屠夫和解放了的女服务员组成的焦虑共同体找到恰当的和声。尽管人们穿的衣服越来越少，上的解剖课越来越多，但雕塑还是衰落了。要不是还有汽车和化妆品的存在，20世纪几乎预示着艺术的彻底灭绝。

然后巨大的疯狂来临了，人们发现文明的外衣是如此单薄，安全是如此不可靠，自由是如此脆弱。战争的频率下降了，但是范围却扩大了。曾经是进步助产士的科学现在成了死亡天使，杀戮精准、快速，相比之下，中世纪的战争只相当于大学体育的竞技水平。勇敢的飞行员朝妇女、儿童扔下炸弹，博学的化学家解释了毒气的优点。一个世纪以来通过文学互译、科学家合作、贸易关系和经济依赖建立起来的所有国际友好关系都消失了。欧洲分裂成一百多个相互敌对的民族。当一切结束后，无论是战胜者还是战败者似乎都失去了他们为之战斗的东西。贪婪的帝国主义只是从波茨坦转移到巴黎，暴力独裁取代了有序的宪法规则，民主正在消亡。希望消失了，经历了战争的那一代人再也不相信任何东西。除了最没经验和最有经验的人，所有人的灵魂都被一股冷漠和愤世嫉俗的浪潮吞没。进步的观念现在似乎变成最肤浅的妄想，嘲弄着人类的痛苦，把人类带到一个徒劳的理想主义和巨大的虚妄中。

第四十二章

细枝末节

伏尔泰说:“如果你想和我交谈,先要明确说法。”我们所说的“进步”是什么意思呢?主观定义是没有用的。我们不能从国家、宗教或道德准则的角度来定义进步。比如,善意的增加只会让我们年轻的尼采分子感到恐慌。我们也不能用幸福来定义进步,因为白痴比天才幸福多了。我们最尊敬的那些人追求的不是幸福而是伟大。有没有可能为我们的术语找到一个客观的定义呢?一个适用于任何个体、任何群体,甚至任何物种的定义呢?我们把进步暂时定义为生活对环境的日益控制,这里的环境是指有助于协调和实现欲望的所有条件。进步是指通过思想有目的地控制混乱,通过形式和意志来把握事物。

进步不必为了体现真实性而一定保持连续。进步的过程中也会有稳定期、黑暗期以及令人沮丧的倒退期,如果在最后阶段达到了制高点,我们就认为人类取得了进步。在评估时代和国家时,我们必须防止思维松散。我们不能用年轻的国家去和文化成熟的国家做比较。我们也不能用一个时代最好的或最坏的时期去和古往今来最好的和最坏的时期做比较。如果我们发现那些年轻的国家诸如美国、澳大利亚流行的天才类型倾向于务实型、探索型和科学型，而不是画家、诗人、雕塑家、修辞学家之类的，我们就会知道，每个时代、每个地方都有它需要的特定的天才类型。只有当务实的先辈们披荆斩棘、开辟道路后，文化类的天才才会出现。如果我们发现文明此消彼长，人类所有的杰作最后都逃不过死亡的命运，我们就会承认死亡的无可辩驳。因此只要在有生之年，我们的生活在自己的国家里不断向前，每天变得更好一点儿，就足以让我们感到安慰了。如果我们发现今天的哲学家和伟大的柏拉图、苏格拉底相比矮了一大截，我们的雕塑家比不上多那太罗或安杰洛，我们的画家与贝拉斯克斯差远了，我们的诗人和作曲家与雪莱和巴赫相比籍籍无名，也不必失望。因为群星并不总是在同一个夜空下发光。我们要关注的问题是，人类能力的总体水平和平均水平是否有所提高，是否在现代达到了顶峰。

如果我们从整体上把现代社会的危险、混乱，与原始人类的无知、迷信、暴力、食人和疾病相比，我们还是略感安慰的。也许我们中最底层的人和原始人的区别并不大，但是在此之上成千上万人在精神和道德上已经达到早期人类无法想象的高度。在城市生活的复杂压力之下，我们有时会把野蛮时代的简单宁静想象成避难所。但当我们不再那么浪漫主义的时候，我们就知道这只是面对现实重担时的逃避性反应。这种对野蛮的偶像崇拜，就像我们许多年轻人的观点一样，只是青春期适应不良的不耐烦表现，只是当代个体发育迟缓所带来的痛苦的一部分。有一项研究是针对幸存下来的原始部落的，该研究显示，原始部落瘟疫盛行，婴儿死亡率很高，人们寿命比较短，部落里的人速度、耐力、意志力都比较薄弱。这就像大自然在对原始部落进行友好而流畅的拯救，其实只是对昆虫和泥土有益。

然而野蛮人也可能会倒过来问，我们的政治和战争难道很令人享受吗？我们是不是自我感觉比那些在人类学教科书中反复听到的名称怪异的原始部落人更幸福呢？进步的信奉者不得不承认，我们在战争的艺术方面有了很大的提高；不得不承认除了一些特立独行的异类，我们的政治家在米洛和克洛狄迪乌斯时代也会修建古罗马广场——尽管柯立芝先生相比尼禄有了明显的改善。至于幸福，没人能说什么。幸福是一个难以捉摸的天使，一旦察觉就会被破坏，很少经得起检验。幸福可能首先取决于健康，其次是爱，然后是财富。而我们在财富方面的进步则取决于知识分子的良心。至于爱，我们试图用前所未有的创造性和多样性来弥补内心深处的欠缺。现代社会多种多样的节食和药物狂热让我们相信，和那些过着简朴日子的人相比，我们疾病缠身，但其实这是一种错觉。我们总觉得医生这么多是因为病人比以前多了。但事实是，我们的疾病不比过去多，只是钱多了而已。我们的财富允许我们去治疗、去重视、去控制疾病，而死于这些疾病的原始人甚至连这些病的名称都不知道。

有人做了一个比较客观、可信的关于健康（也是幸福的一部分）的考察。这一考察源于保险公司的死亡率统计，考察发现，数据误差带来的花费要远高于理论误差。有些考察的统计涵盖了三个世纪。比如统计显示，日内瓦在 17 世纪人均寿命为二十岁，20 世纪是四十岁。1920 年美国白人的平均寿命是五十三岁，1926 年时为五十六岁。[1]如果这些数据是真实的，那是令人非常难以置信的。然而，我们从德国也看到了类似的统计

1. 欧文·费希尔：《民族活力报告》，第 624 页。

报告，柏林联邦统计局把德国的人均寿命做了列表，1520 年时为二十岁，1750 年时为三十岁，1870 年时为四十岁，1910 年时为五十岁，1920 年时为六十岁。[1]如果我们想当然地接受这些数据,那么只要悲观主义者同意，我们就可以得出结论，假如生命是一种恩赐，我们在数量上已经取得了长足的进步，并且正在努力维持这一进步。最近，殡仪从业人员在年度会议上讨论，随着人类死亡的不断延迟，他们的职业岌岌可危。[2]不过如果殡仪从业人员感到生意惨淡，那么进步倒是实实在在的。

1. 《纽约时报》，1928 年 9 月 7 日。

2. 齐格弗里德：《美国的成熟》，第 176 页。关于健康进步的详细证据可参见温斯洛于 1928 年比尔德教授在纽约举办的精彩研讨会上提交的精辟文章《人类在衰退？》。

第四十三章

历史的脉络

上文我们已经承认了进步的存在，并进行了诸多修正，现在让我们试着从总体上审视进步问题。我们无须反驳悲观主义者，只要能把他所谓的事实包含在我们所说的事实中即可。当从整体上看历史时，我们就会发现这是一幅国家上升和下降的曲线图——民族和文化像电影大片里演的那样消失了。但是在国家不规律的运动和人类的混乱状态中，某些伟大时刻作为人类历史的巅峰和精华脱颖而出，某些进步一旦取得再也不会消失。人类一步步从野蛮人爬升为科学家，这就是我们成长的足迹。

第一是表达能力，不要把它看作一个突如其来的成就，也不要认为它是上帝赐予的礼物，它是人类语言表达缓慢发展的结果，经历了好几个世纪的努力，从动物的求偶声发展到情感洋溢的诗歌。如果我们不能用文字或普通名词来描述特殊的表象，使其能够代表一个类，那么概括归纳就不会诞生，理性也将停留在非理性阶段。没有语言文字，哲学和诗歌、历史和散文将不再可能，思维也不可能像爱因斯坦或阿纳托尔 · 法朗士那么精妙。没有语言文字，“男人”这个词不会用来指男人——女人亦如此。

第二是火。火使人类摆脱了气候的制约，扩大了人类在地球上的活动范围，使劳动工具被锻造得更加坚固耐用，许多从前不能食用的东西现在都变得可食了。最重要的是，火使人类成为黑夜的主人，在黄昏和黎明时分散发出令人振奋的光彩。想象一下人类征服黑暗之前的生活，甚至直到现在，我们的传统中乃至我们的血液中都留存着对原始黑暗深渊的恐惧——从前黄昏代表了灾难，所以太阳一下山恐惧的人们就战栗着爬进山洞。而现在，我们直到天亮才会回到自己的窝，尽管错过灿烂的阳光很愚蠢，但能够摆脱远古的恐惧是多么美好啊！漫漫黑夜里，数以万计的人造星星照亮了人类的心灵，使现代生活充满了欢乐。对于光，我们将永远感激不尽。

第三是征服动物。我们太健忘也太缺乏想象力了，没有意识到人类能够逃过低于人类的大型野兽的捕食是多么大的恩惠。动物现在成了我们的玩物和食品，但曾经一度人类既是捕猎者也是被猎食者，那时从洞穴和小屋中每走出一步都是冒险，地球由谁主宰还处于胜负难决的关头。毫无疑问，人类历史上最重要的战争就是使地球变为人类星球的战争。与之相比，其他战争就好比家庭纠纷，没有任何结果。体能与心智之间的斗争历经了漫长而没有文字记录的年代，最终人类大获全胜，能够在地球上安全地生存下去，这一胜利的果实与过去的其他馈赠一起代代相传，成为我们一出生就拥有的一部分遗产。在这样的冲突和胜利背景下，我们当下有哪些是倒退的呢？

第四是农业。在狩猎时期，文明是不可能产生的。文明的产生需要一个永久的居住地和安定的生活方式。文明是伴随着家庭和学校而来的。而家庭和学校的出现需要以田野里的农产品代替森林里的动物或牛群，需要它们成为人类的食物。猎人们发现寻找猎物越来越困难了。而被他们留在家里的女性所耕耘的土地反而越来越肥沃，硕果累累。妻子精心耕作的农业威胁到男性的地位，它使女性可以独立于男性。为了保住自己的权威地位，男性不得不亲自耕种。毫无疑问，人类历史上这一最伟大的转变经历了好几个世纪，当最终转型成功时，文明就开始了。梅瑞狄斯说，女性将是人类最后一个开化的物种。他可能妄下断言了。文明的产生有两大要素：首先是家庭，家庭发展出了社会性格，从而构建了社会的心理凝聚力；其次是农业，它使人类不再过着狩猎、放牧、杀人的流浪生活，而是在一个地方长久地定居下来，建造家园、学校、教堂、学院、大学和文明。但是，是女性给男性带来了农业和家庭。男性是女性最后驯化的动物，也可能是女性教化的最后一个生物。这项任务才刚刚开始：去看看我们的菜单就知道我们仍然处在狩猎阶段。

第五是社会组织。有两个人起了争执，一个被另一个击倒杀害了，然后得出结论活着的那个肯定是对的，死了的那个肯定是错的。这种解释模式还适用于某些国际争端。又有两个人起了争执，一个人对另一个人说："我们不要打，因为我们都有可能被打死。我们把分歧告诉部落长老，服从他的决定。"这是人类历史上的关键时刻！因为如果回答是"不"，野蛮状态就会继续存在。如果回答是"好的"，文明就在人类的记忆中扎下了另一条根：秩序代替了混乱，审判取代了野蛮，法律代替了暴力。这也是一个不易被察觉的礼物，因为我们一出生就受到这个迷人光环的保护，从不知道它的价值，除非我们游走到地球上那些混乱或封闭的地区。上帝知道，我们的议会和国会是多么不可靠的发明，只是这片土地上平庸之辈中的精华而已。尽管如此，我们还是享受到了生命和财富安全，尤其当内战或革命使我们陷入原始状态时，我们就更加珍视这一点。把今天的旅行安全和中世纪欧洲马路上的强盗出没比比看，你就明白了。英国今天的有序与自由是历史上从未有过的。当我们找到办法，使市政府的大门向那些有能力的可敬之士敞开时，美国也会如今天的英国般有序自由。然而我们也没必要因为政治腐败或民主失灵而过于激动，政治不是生活，只是生活的移植而已。在政治的庸俗闹剧之下，社会的传统秩序在家庭、学校、千变万化的影响中仍然被默默坚守着，它使我们原本的目无法纪变成了一定程度的合作和善意。我们在不知不觉中分享了社会秩序的豪华遗产，这是若干代人通过试错、知识的积累和财富的传递为我们建立起来的。

第六是道德。这里我们触及了问题的核心——人类的道德是不是比前人更高了？倘若把智力看作道德的要素之一，那么我们的道德确实提高了，因为智力的平均水平越来越高，我们模糊地称为“发达头脑”的数量也大幅增加了。倘若与性格相关，那我们可能已经退步了：思想敏锐性的提高是以精神状态的稳定性为代价的。在父辈面前，我们知识分子会感到不安，因为尽管我们头脑中充塞的想法已经远远超过他们，尽管我们已经从讨人喜欢的迷信中解放出来，而他们依然从迷信中获取帮助和安慰，但是父辈那任劳任怨的勇气、对人类责任与目标的忠诚、简单的人格力量，却让我们相形见绌。

尽管当下还存在着矿井和贫民窟，存在着民主的腐败，存在着都市里的声色犬马，但如果道德意味着基督教法典中崇尚的美德，那么我们还是取得了一些步履蹒跚的进步。我们人类比过去更温和了，能够以宽大仁慈和慷慨对待我们素未谋面的外来人或最近敌对的民族。仅 1928 年一年美国对私人慈善机构和慈善活动的捐赠就超过了二十亿美元，占当时全美流通资金的一半。当偶有凶案发生时，我们抓住凶手，将其定罪，也仍然会枪毙他们，但我们开始对“一命换一命”这一古老的报应性正义感到有点儿不安，我们施以极刑的数量在迅速减少。在两百年前快活的老英格兰，一个人偷了一先令就会按律被处以绞刑，即使偷得不多，也会被严厉处罚。不过数百年前，苏格兰地区的矿工还是世袭的农奴；法国的犯罪分子会按律被公开折磨至死；债务人在英国会被终身监禁；那些“体面人”还在非洲沿海地区搜捕奴隶。[1]不到一百年前，我们的监狱还是肮脏恐怖的巢穴，还是小偷小摸之人学成江洋大盗的学校。而现在我们的监狱是那些疲惫的杀人犯的度假胜地。我们还在剥削底层的工人阶层，但我们会用“福利工作”来安抚良心。优生学努力在人工选择与人类的善良之间、在仁慈和大自然无情的优胜劣汰之间取得平衡。

我们总觉得世界上的暴力事件比以前多了，但事实上只是因为报纸报道多了。庞大和强有力的新闻集团在地球上四处搜罗犯罪和丑闻，以慰藉读者们窥探私隐和不满足于一夫一妻制的心态。五大洲的所有恶行和政治都集中在一张纸上，成为我们早餐的开胃小菜。于是，我们得出结论，世界上有一半人在杀害另一半人，而其余大部分人都在自杀。但是我们惊讶地发现，无论是在大街上还是在家里，无论是在公共场合还是在各种交通工具上，都没有谋杀和自杀，只有直率的民主式礼貌和谦逊的骑士精神，

1. 霍尔丹：《可能的世界》，第302页，参见斯宾格勒的《西方的没落》，第110、第111页。“单单在雅典，在伯罗奔尼撒战争的几十年里，就有数百人因为对宗教不敬而被处决。”如果有人质疑我们道德上的进步，那就让他们去读一下李关于西班牙宗教裁判所的论述以及泰纳关于玛丽女王时代迫害的阐述（《英国文学史》，第255、第256页）。在某些社区，我们可能会视知识为非法，但至少我们不会将其焚毁。

如今的时代相比那些人们满口侠义之词却奴役着女性，在圣地为基督而战却用镣铐来确保妻子忠诚的时代要真实得多。

当下盛行的婚姻模式尽管有些混乱和不稳定，但仍然代表了对抢婚、买卖婚姻以及初夜权的一种良好改进。男女之间、父母和子女之间、师生之间的暴力行为比过去任何有记录的年代都减少了。女性的解放及其相对男性的优势地位预示着曾经凶残的男性已经具备了前所未有的绅士风度。原始人不懂得爱情，只有对肉体的渴望。现代的爱情却像鲜花盛开的瑰丽花园，充满了赞歌和深情，在那里，男性对女性的热情虽然也是根深蒂固地源于生理需求，但像袅袅的香气般升入诗意生活的王国。尽管年轻人的过错总是让长辈们疲惫不堪，但他们会用对知识的渴望和在道德面前表现出来的勇气弥补自己的小缺点，这对我们最终下定决心以教育为突破口净化公共生活是非常有价值的。

第七是工具。面对浪漫主义者、知识阶层的机器破坏者、鼓吹回到原始状态（污垢、家务、蛇、蜘蛛网、臭虫）的人，我们歌颂工具、引擎和机器，这些曾经奴役人类的东西现在又在解放人类。我们不必为繁荣感到羞耻，因为曾经只属于大亨与贵族的舒适和机会，现在通过工厂成了所有人的权利，这是非常好的。只有当休闲生活推广开来，文化的普及才有可能到来，尽管休闲生活一开始是被滥用的。丰富的发明是我们控制环境的新工具。我们不需要像动物一样必须把这些工具长在身上，我们可以制造、利用工具，在不需要的时候可以把它们搁在一边（柏格森）。我们能生出巨肘，在一个月内造就曾经举百万人之力的金字塔；我们能制造出巨大的眼睛去探索天空中肉眼看不见的星星，也可以制造出微小的眼睛去窥视肉眼看不到的生命细胞。只要我们愿意，我们平静的声音可以跨越大陆和海洋，我们可以自由地遨游在天地之间。对我们来说，飞机最重要的意义不在于速度，而是象征着人类的勇气和坚忍的意志。因为虽然我们像普罗米修斯一样，被一根长链拴在了地球上，但我们最终可以放飞自己，与雄鹰对视。

不，这些工具不能征服我们。我们当下被周围的机器打败只是暂时的，只是我们在迈向一个没有奴役的世界过程中的短暂停顿。那些使主仆都降格的粗活正从人类肩头转移到不知疲倦的钢筋铁骨上。很快，水力和风力就会被引入工厂和家庭，人类将从体力劳动中解放出来，专注于脑力劳动。因此，解放奴隶的不是革命而是发明。“通过完善劳动组织和使用机器，美国的工业在一定程度上已不再依赖于体力，而我们的欧洲还完全没有这个概念。”[1]

第八是科学。巴克尔在很大程度上是对的：我们只是在知识上取得了进步，而其他天赋植根于心灵的缓慢启蒙。我们有默默无闻的崇高研究和实验室里的无声战斗，用来平衡政治的诡计和战争的徒劳野蛮。我们人类竭尽所能，穿过黑暗和迫害，稳步迈向光明。你瞧，他站在一个小小的星球上，测算、掂量、分析着他看不见的星系，预测着地球、太阳和月亮的兴衰变迁，见证着世界的诞生和死亡；又或者一个看似不切实际的数学家，艰难地穿越层层迷宫，推算新的公式，为无尽的发明之链清扫道路，因为这些发明将成倍地增加人类的能力。看我们的大桥，四根钢索上悬挂着十万吨重的铁，勇敢地横跨两岸，运送着无数的过客，这首钢铁之诗如莎士比亚笔下动人的诗歌。看看我们高耸入云的城市大厦，精确的计算赋予

1. 齐格弗里德：《美国的成熟》，第 149 页。

它抵御一切压力的勇气，像镶满钻石的花岗岩般在夜晚闪闪发光。我们的物理学有了新维度、新元素、新原子和新能量。我们在岩石中发现人类生命的自传。在我们的实验室里，生物学正准备像物理学改造物质一样，改造有机世界。无论在哪里，你都能遇见那些不停学习的朴实无华、不求回报的人，你几乎无法理解他们在哪里找到了为科学奉献的动力源泉和激励因素。虽然他们有生之年可能都无法看到自己种下的树为人类结出的果，但是他们依然坚持前行。

确实，人类在物质上的胜利超过了人类在自身上的胜利。关于进步的论点在这里又站不住脚了。心理学几乎还未开始理解人类的行为和欲望，更遑论控制了。心理学中还夹杂着神秘主义和形而上学，夹杂着精神分析、行为主义、荷尔蒙神话和青春期的其他疾病。（行为主义之所以流行，并不是因为它是一种心理学方法，而是因为它是一种机械哲学，是一系列关于意识和思想的大胆而有吸引力的假设。就其本身而言，无论如何它都是一门严格客观的科学。其杰出的创始人——无论他是什么人——宣布哲学已死。这稍微有点儿前后矛盾，似乎证明了约翰·华生的观点，即行为主义没有意识。）只有那些籍籍无名的心理学家才会认真修改这些说法。在美国，对极端言论的民主式热情把每门科学都变成时尚。但心理学会经受住这些病态和冲击，像古老的科学那样，在肩负起责任的过程中变得成熟。如果有另一个培根出现来勾画它的界限，阐明它所指向的正确方法和目标，指出它要赢得的“成果和力量”，那么在了解了历史的惊人力量和人类的坚定不移之后，我们哪个人敢说人类不断增长的心灵知识带来的成就是有限的呢？在我们这个时代，人类已经开始从被其改造过的环境中转过身来重塑自我。

第九是教育。我们越来越完整地把过去积累的经验传递给下一代。为了给学校提供设备，让所有人获得教育，我们投入大量财力和人力。这是当代的创新，也可能是我们这个时代最显著的特征。大学一度是奢侈品，专为有闲阶层的一半男性而设。今天，大学多如牛毛，人们可以一直读到博士。这并不意味着我们比古代的天才更优秀，只是表明我们提高了人类的平均知识水平，并远超历史上的任何时代。我们现在要考虑的不是柏拉图或亚里士多德之流，而是去想想那愚蠢、偏执、残酷的雅典议会，去想想那没有公民权的暴民和他们的俄耳甫斯仪式，去想想那些与世隔绝被奴役的女性，她们只有成为贵族的情妇之后才能受到教育。

除了孩子，大概没人会抱怨这个世界已经被普及的中小学、遍地开花的招收男女生的大学完全改造了。从历史的角度看，教育的伟大实验才刚刚开始。它还没有足够的时间来证明自己，因为几千年来的愚昧和迷信不可能通过一代人就消除。事实上一切还没有定数，愚昧依旧频频出现，百姓还在投票确定教义，这些也许最终还会战胜教育。因此，这一进步还算不上我们所说的人类永恒成就之一，不过良效已经开始显现。你知道为什么我们的办公室里多为庸碌之人，而领导又偏于狭隘吗？那是因为这一代人都是出自那些经济需求受到压制、政治遭到剥削的地区。他们没有闲暇时间进行思想上的耕耘播种。当我们每个人都能在学校里受教育到二十岁，并且享有平等的机会获得人类的知识财富时，教育的丰硕成果将会如何显现呢？我们重新想到了父母之爱的本能，想到每个普通父母都有一种深刻的冲动，即把孩子抚养得超越自己：这是人类进步的生物学杠杆，这股力量比任何立法或道德劝诫都更可靠，因为它扎根于人类的本质。青春期延长了，我们开始变得更加无助，更高级的人类正从我们黑暗的灵魂中挣扎诞生，而我们通过更完整地自我成长，向它前进。我们只是文明的原材料而已。

我们不喜欢教育，因为在我们年轻的时候，它没有告诉我们它究竟是什么。不要把教育看成史实与时间的痛苦积累，而应看作与伟人的亲密接触。不要把教育看作为了个人谋生而做的准备，而应看作对个人理解、控制和欣赏这个世界的所有潜能的开发。最重要的是，从教育的完整意义上看，可以把它看作一种向尽可能多的人尽可能完整地传递技术、知识、道德和艺术遗产的技术手段，它使得人类的个体不断成长，更具人性。教育使我们言谈举止更像人类。我们并非一出生就是人类，我们出生的时候只是可笑的、带有臭味的动物。我们变成了人，并通过各种各样的途径把人性加诸已身。过去的成就涌入现在，精神文化遗产的保存、积累和传承将今天的人类，无论是有缺陷的人还是目不识丁的人，置于一个前所未有的更高层次。

第十也是最后一条，书写和印刷。我们想象的翅膀还没有完全展开，无法让我们上升到一个全面的视角来想象和回忆文字出现之前那无知、无能和恐惧的漫长岁月。在那些没有文字记载的世纪里，人类只能通过口耳相传来传递他们来之不易的知识。如果其中一代人忘记了或是理解有误，那么这令人疲劳的知识阶梯就必须重新爬。书写使人类心灵的成就获得了崭新的永恒。经历了千年的贫穷和迷信之后，哲学发现的智慧、戏剧和诗歌刻画的美丽终于可以通过书写保存数千年。书写以共同遗产为纽带把一代代人凝聚在一起。书写创造了思想的王国，天才在那里得到永生。

正如书写使一代又一代的人联结起来，现代社会的印刷品尽管有点儿千篇一律，但可以把不同的文明联结起来。在我们的星球消亡之前，文明不会再失落了。文明只会改变它的栖息地，因为毫无疑问，每个国家的土地最终都会拒绝把果实交付给毫无远见的耕作者和粗心的租佃者。新的地区必然会以它的处女地诱惑每个民族中的强者。但文明是非物质的，它不会像古代农奴一样被不可分割地束缚在某块给定的土地上。文明是技术知识和文化创新的积累。如果这些技术知识和文化创新能被传递到新的经济强国，文明就不会消亡，而是找到新的安身立命之所。只有美与智慧是永恒不朽的。对哲学家来说，自己的家园并不一定要永久存在，只要那里的成就可以传递下去，成为人类财产的一部分，他就心满意足了。

我们也不必担心未来。我们厌倦了穷兵黩武的日子，心灵的苍白使得我们很乐意听到斯宾格勒宣称西方世界的没落。文明的诞生与死亡遵循着平均周期，这种后天的安排似乎过于精确了。我们能肯定的是，未来会用恶作剧的方式使这种数学计算绝望。以前有很多战争，人类和文明都幸存下来了。滑铁卢之战后的十五年内，战败的法国产生了如此多的天才，布满了巴黎的每座阁楼。我们的文明和文化遗产从未如此稳固，也从未如此丰富。我们可以为文明的扩展和传播尽绵薄之力，要相信时间会去其糟粕，而其中最美好、最有价值的部分将得到保存，将照亮许多代人。

第四十四章

乌托邦的用途

奥斯卡 · 王尔德说：“一幅不包括乌托邦在内的世界地图根本不值得一瞧，因为它遗漏了一个人类正在努力登陆的国度。当人类到达后，在四处眺望中又会看到一个更好的国度，于是再次扬帆起航。所谓进步，就是实现一个个乌托邦。”(《社会主义下人的灵魂》)

这是真的吗？一个个乌托邦如期实现了吗？我们这个时代的成熟思想却与之持相反的观点。相信人类不断进步的观点已经不再流行了。怀疑论者说：“历史就是一个循环，万事万物都会经历上升期和下降期，特别是文明。我们的进步只是大海表面的湍流而已，在其深处水波不兴、万籁俱寂。乌托邦是空灵缥缈的诗，麻醉了我们敏感的灵魂，让我们逃避加诸我们的生生死死的痛苦。但是坚强的人敢于直面伤口而不需要镇痛剂；如果他想遗忘痛苦，他会沉浸在当下和日常生活中，不去思考人类的明天。过去如此，将来亦如此。只有时尚在改变。”

我们是忘恩负义的野兽。现在，阿拉丁发明的神灯已经慷慨地给予我们各种奢侈品，我们就像浪漫的女孩一样，坐拥一堆财富，却还在渴望着一些不同的、遥远的珍宝，正因为遥不可及，所以更生觊觎之心。过去哲学家梦想着普及中小学，我们已经做到了，现在渴望普及大学。过去人们赤身裸体，现在穿上了衣服，但他们依然痛苦，因为别人的衣服比他们的贵。过去人们苦于饥饿，今天在所有文明国家里，每年有上百万人死于饮食过度。但是人类没有因为有幸死于物质的丰富和奢华而感恩。即使在威廉·莎士比亚时代，大城市的夜晚也是黑暗的，每条街都不安全。今天，尽管每条街还是不太安全，但是夜晚已不再恐怖，仁慈的灯光到处散发着快乐。然而人类却会惆怅地回过头去，哀悼往日不再来。过去，六岁的儿童和大家庭里的母亲，每天都要在肮脏的工厂里被奴役十四个小时，晚上就睡在机器旁的地板上。现在的孩子们一直待在学校里，直到他们做好掌控世界的准备；上百万女性过着精致慵懒的生活，这在她们的祖母看来是罪恶的乌托邦。如果她们能再拥有一样东西——一次欧洲之旅或一间海边度假小屋，那么将是多么幸福啊！工薪阶层凭借工会组织和自身的勇气，赢得了更多的报酬、尊敬和安全感，以应对生活的世事变迁。过去我们的将军渴望世界大战的日子，现在他们见识过了，站在那些遥不可及的星星面前，他们沉思着希望把武器发射到木星上去。作家们层出不穷，数量前所未有；发明、运输和广告使销售成为可能，这是拜伦和麦考莱从未想到的；阿纳托尔·法朗士因为写出优美的散文而成为百万富翁，然而这些成功的天才内心包含着多少苦涩！

乌托邦已经实现，但仅限于客观世界。然而倘若真如许多博学的哲学家说的，客观世界根本不存在，我们的困境就可想而知了！主观世界（即我们自己）已经改变了，同时伴随着对地理世界的从容把握！对我们来说，重塑地球的面貌，陆地、海洋和空气无形中使地球各处连接起来，使煤和铁转化为无数的奢侈品，这些都是相对简单的事。而要彻底根除我们灵魂中那贪婪、好斗和残忍的本能则困难得多。一代代人的斗争和贫困使这些本能根深蒂固地延续到未来。我们要守好自己的本分，即使并非必要，也应有所坚守。

不知足也是对的。但要明白，一半的乌托邦是科学造就的，并且这一半是实现另一半的前提和基础，倘若对此毫不感激、不予理解，那就是错的。我们打心眼儿里觉得自己只是伊甸园里的动物，不配拥有眼前的美好，所以随时准备用可怕的工业毁灭它。我们到哪里谋生，哪里就会变得不宜居住。我们在挥霍美好的时候，也在滥用知识。我们的力量成倍地增加了，身体发育得更好了，但我们的想法却和无知贫困时一样尖刻狭隘。我们是身体上的巨人，精神上的矮子。乌托邦无处不在，就是没有在人类的灵魂深处实现。

因此伴随着放任的梦想，我们现在要谨慎地建立乌托邦，不再是考虑对大自然的再造，或是考虑“拓展人类的王国”（因为培根主义者的天堂已经实现了）；而是考虑如何改造我们自己，重新筑就心灵与意志，使之与一个更美好的世界相匹配，使之像我们的知识和力量一样清晰、强大。正是人类的本质和无知毁灭了一个个乌托邦，因此我们首先要寻求心灵和思想的净化，也许这样万事万物于我们才会成为可能。

我们且在这茂盛的大树下坐一坐，趁着孩子们在草地上嬉戏的时候，去神游太虚。

市长起床了

太阳冉冉升起，照到了市长的鼻子上，他醒了，慢慢恢复意识。梦里的白宫消失了，新的一天让他清醒过来。他想再睡一会儿，但是睡不着了。无所事事的他开始陷入思考。

“我的天！”他说，“我是市长！我是怎么做到的？太幸运！太意外了！如果我不认识汤米·伯克……他能给我提名真是太好了。为什么十年前我没想到将要管理一座大城市呢？否则我就可以早做准备。这算什么工作啊！还不如运行一条铁路系统或养活一个家庭呢。我根本没有受过训练，这辈子几乎没读过书，现在居然成了这上百万男男女女的老板。我动动手指就能决定成千上万人的生死，还能影响到子孙后代。他们的问题已经让我抓狂了。交通、金融、市场、分区、建筑、马路清扫、健康、教育都没搞好。噢，工作太多了！这是一百个人干的活，我一个人可做不了。”

太阳升得更高了，火辣辣地照耀着城市。市长打着呵欠，坐在床上搓着双脚。突然，他眼前一亮。

“我知道我该做什么了。噢，这会让那些政客惊掉下巴。这事还从没有人干过。我要从大学里找来最伟大的科学家，从银行里找来最有钱的放贷人，从中小学里找来最伟大的教育家，从女性团体中找来最具领导力的女性，从实验室里找来最伟大的发明家，把正在打高尔夫球的最有能力的执行官和正在远足的最伟大的劳工领袖都找来——我要把他们请到市政厅来帮我。”

“噢，上帝。我讨厌这些政客，他们不想做事，只想获利。他们不要工作，只要薪水。我给他们一份工作，他们却要十个人来做。他们都不知道自己想干什么。我对他们烦透了。”

市长脱下衣服，勇敢地站在阳光底下，汲取空气中的精华。

“毕竟，这个城市里还是有伟人的。山上的一些科学家告诉我，他们是世界闻名的。这里还有一些世界上最大公司的董事。城里还住着一个政治家，我为什么不利用他的智慧呢？我不能说服他们中的佼佼者来竞选公职，我甚至无法说服他们让我任命他们担任公职，收入太低了。但如果我说：‘先生们，我需要你们的帮助。你们为什么不组成一个重大委员会为我提供咨询呢？’我想他们会很乐意为这个城市贡献一点儿时间的。我有权任命他们为市政重建委员会……”

市长跪下来祈祷。

“噢，上帝！请给我勇气！”

重大委员会

市长召集成立重大委员会的消息就像棒球赛的比分一样传遍整个城市。公务员们害怕了，担心他们还能保住现在的饭碗多久。但是其他人都很高兴，甚至官僚机构也公开表示热烈欢迎。私底下，官僚机构让市长知道他们并不介意用这个计划来改造人民，只要官僚机构本身完好无损，控制任免权。

委员会安排在大学的一个僻静礼堂里开会。新闻界派出大量代表，但是公众却被礼貌地要求离开。有听众的地方就会有演讲。委员会的成员大约只有五十人，这些人种族、服装各异，但每个人都有一定的成就。有伟大的生物学家戈尔曼教授和专横的金融家约翰·斯通布里奇·戈尔曼；有慈善家菲利克斯·斯特劳斯和一个西部城市的市长阿瑟·汤普金斯；有工程师亨利·休伯特和律师爱德华·休斯，他们俩都以担任过内阁官员而闻名；有经济学家泰森、心理学家陶森和建筑师威尔伯特；有医生莫伊和另一个工程师乔治上校；有工党领袖马修·格林和制造商埃格伯特·格雷；有伟大的黑人领袖布多什和著名的雕塑家伦博格；富有的莱尔德·克罗克斯夫人坐在范妮·考思旁边，范妮出身低微，她在缝纫行业组织了成人教育；巨额财产的年轻继承人约翰·斯通曼和社会党领导人莫尔斯·希利尔比肩而站；拉比·斯蒂芬和马歇尔·刘易斯与阿韦拉阁下和爱默生博士意气相投；主教保林是一个保守的圣公会教徒，他有生以来第一次和伟大的一神论者詹姆斯·亨利·豪斯握手。委员会里没有推销员、房产经纪人、政客、文学家和哲学家。

然后市长突然端庄严肃起来，开始演讲：

“女士们、先生们，你们被召集起来是因为我们的城市太大了，仅凭我一人之力是无法英明地管理它的。这个城市发展得太快，那些因政治才能而不是经济知识和行政能力挑选出来的人已无法管理它了。现在是时候充分利用我们这个巨大共同体内的最高智慧和最高道德了。

“我们需要你们的指导。请仔细研究我们的问题，认真斟酌你们的建议，确保在我们人类能力和城市财力的范围之内。从我的角度来说，尽管我的影响力有限，但是只要你们的每个建议不遭到你们委员会或人民中的少数人反对，我保证全力支持。但我想你们不会遭到强烈的反对，这些城市重建问题不是政治问题，而且我认为也不涉及统治阶级的立法问题。我们同处在混乱中，必须一起走向理智。现在城市是你们的，重建它吧！”

在这关键时刻，新闻界人士为重大委员会的工作做出了积极的贡献。过去他们总是轻率愉快地嘲笑这个事儿，讽刺胆小粗心的科学家，预测这样一个另类的集会不会有什么好结果，并把委员会的代表描绘成自觉的圣人，一心要把自身的道德严谨性强加于喜欢放松、懒散的人身上。但是市长已经把城市中每一份重要报纸的老板或编辑任命为重大委员会的成员。这是神来之笔，体现了政治训练的价值。在这一认识的鼓励下，新闻界抓住机遇。它看到自己终于可以像人类长久以来梦想的那样成为世界上最伟大的教育媒体了。它派出最好的写手来报道审议过程，为这一伟大事业提供所有可能的社论支持。

与此同时，政客们小声抱怨着，承包商修改了他们的规格和预期值，共产主义者用漫画诋毁莫尔斯·希利尔。甚至公众也不那么确定是否在乎这个高调的委员会了。经过一周的审议后，第一个建议被公布，公众的思想一下子被扰乱了。委员会生物学部的报告赞成生育控制，认为只有身心健康的人才适合生育。一股抗议浪潮在城市中慢慢积聚起来。这些男男女女，所谓的专家、资本家、社会主义者和知识分子，谁来告诉一个主权国家的人民，生育是特权而不是与生俱来的权利？要不是报纸全文登载了建议（一），那么这个巨大的祸根可能已经种下了。但提案只是简单如下：

委员会的第一个结论是：城市的重建必须从保持和提高人类的身体素质开始。只有想尽一切办法鼓励健康的人生育孩子，劝阻有缺陷的人不要遗传他们的缺陷，我们才有可能进步。

但是在这个基本问题上，不需要用立法来禁止。我们只是希望给所有聪明的人一番建议。我们更希望依靠他们自觉的善意，而非用法律来约束他们。我们觉得约束只适用于自己。

因此，我们作为重建委员会的成员特此承诺，（在征得他们同意的基础上）我们自己正值适婚年龄的孩子也将控制生育，除非他们得到由美国医学协会专门为此任命的医生的批准同意。我们邀请团体和个人发布公开声明，接受这一原则。我们相信共同体中最聪明的那部分人会首先同意配合这一建议，我们希望他们的榜样力量可以影响所有人。

我们认为那些有遗传缺陷的人可以自由地结婚，但是希望他们能从授权医生那里寻求避孕建议。

我们进一步建议，为了让更多人接受这条规则，我们要向所有遵守规则的人提供意外、疾病、失业、老年和死亡保险；要向在此规则下成为母亲的所有女性提供大量的生育基金。我们更倚重对善的鼓励而不是对恶的禁止。

最后，也是最重要的，我们呼吁新闻媒体、所有的中小学和大学传播这方面的信息，使每一位读者都清楚，人类的进步建立在每代人生理和心理素质提高的基础上。我们呼吁社会各界的爱国人士把落实这一恰当的自我约束作为重建城市的第一步。

随后，除一名成员外，委员会全体成员按照令人印象深刻的顺序签了名。

第一个声明引发了人们更多的质疑和批判。有的人嘲笑那些希望通过知识的传播来重建城市的人太天真了。一位评论家援引了腓特烈大帝对其教育部长的评论，这位教育部长曾经建议通过普及中小学来改变人类，评论的原话是：“啊，我亲爱的佐尔纳，你不如我那么了解该死的人类。”但更多的人对政府的这种新理念感到高兴，因为教育避免了组织化和强迫性，它对人类进一步发展的乐观预期不是通过谴责罪恶而是从鼓励所有人的健康开始。

于是就有了大家的承诺保证。城里的医生召开了特殊会议，全体一致做了承诺。随后是城里的美国大学教授协会成员做了承诺，不久教师联合会也做了承诺。报纸行业、工业化学家、有组织的音乐家也加入了……伟大的教会也投票支持。最后是建议所有中小学和大学毕业生做自愿优生承诺。当这一承诺得到普遍认可时，就成了公民宣言的一部分。承诺仍然以自愿为基础，但得到舆论力量的支持。第一场战斗胜利了。

一星期后，由委员会教育部发起的提案（二）提交给了市长，并刊登在报纸上。

我们建议，维护公共卫生，尽最大可能让儿童和成人接受教育应该被视作政府的首要责任。我们倡议成立市立医院，使所有疾病都能以成本价得到有效治疗。我们认为中小学应对身心发展给予同等的关注和鼓励。我们相信国民的健康比国家的财富更重要，因为幸福的主要秘诀就是健康。我们期待培养每一项有益健康的运动，对所有卫生技术进行持续的指导。我们认为，不应鼓励大家被动地观看运动比赛，而应提供设施，使所有人积极参与其中。

我们认为，城市应该引以为荣的是对教育的充分支出。我们要求逐步提高所有教师的工资水平，这样教育工作才能享受最高的荣誉、达到最好的水平。我们建议设立市政奖学金，帮助所有因贫困而无法继续深造的优秀学生。这样城市才能充分利用其市民的天赋潜能。我们建议进一步设立基金资助科学研究，促进创造发明，使机械动力的价格低于人力价格，从而结束人类被奴役的状态。

我们建议，所有赞美战争的参考书都应被剔除出学校，鼓励人民向往和平的天性，依靠人民支持所有必要的防御措施。

我们鼓励创办私人学校，进行教育实验。我们建议充分的言论、出版、集会和信仰自由，这是形成强大民族性格的前提。在我们看来，城市的角色功能延伸必须和最大可能的心灵自由相匹配。

我们建议中小学成为共同体的智力家园，日夜开放，为身心发展提供各类设施。

我们认为，中小学应该承担起塑造道德品格的责任，以弥补道德力量和道德制度的衰退。完善的教育应该教会学生看清社会风气，认识到个人欲望的结果，形成自我约束的性格，符合整个共同体的利益。

我们要求报纸的拥有人和编辑将新闻媒体发展成为公共教育的一个重要媒介。如有必要，我们会呼吁慈善家通过媒体资助那些关于科学、历史、文学和艺术全面教育的客观且具可读性的报告。

最后，我们建议每个分支机构的成人教育以成本价提供给所有想上学的人。中小学和大学毕业生应该把每一次毕业典礼仅仅看成自我发展过程中的一个里程碑。教育不应该仅仅被看成任务和做准备，而应该被视作和人类文化遗产愉快而高尚的亲密接触。

委员会的所有成员中只有两个人没有签署这个建议。

除了纳税人，每个人都对这些建议感到高兴。医生很高兴委员会强调了健康的重要性；公众看到这个新闻松了一口气，因为医院再也不是穷人的活体解剖实验室了。教师很乐意得到更高的报酬，每个教授家庭开始把预期的额外收入花掉。无数青年天才对设立市政奖学金的建议表示赞扬，因为他们觉得贫困是自己得到认可的主要绊脚石。新闻界因为被赋予了高尚地位而感到自豪，男孩女孩们盼望着在乌托邦的游泳池内嬉戏。

但是房地产业主协会主席都铎·巴克发出了抗议，并得到每一位业主的同意。

很明显，市长的重建委员会在其第一份报告中不厌其烦地表示要重建的不仅是城市而是整个人类，而现在却沦为其成员中那些幼稚的理想主义者和可能更有说服力的演说家的牺牲品。我们曾经希望委员会的建议至少应该是理性和可行的。我们不希望在这些繁荣之后，我们只是拥有了另一个乌托邦。

这个计划使得我们所有的无产阶层博士都相当于大学二年级的水平。每个成熟的人都知道在我们的经济世界里，只有非常有限的职位才需要用到高等教育的知识。我们大学培养出的毕业生已经超过了专业领域所能容纳的数量。我们国家的艺术学学士已经泛滥，如果工作语言不向拉丁语和希腊语开放，那就意味着大量这样的毕业生将无法适应工作环境，还会把他们个人的不满情绪扩展为革命骚动。深谋远虑的人不会对此推波助澜。有经验的教育者已经在考虑如何减少这种泛滥。

委员会的建议符合我们对年轻人现行的溺爱政策。每个人都觉得应该去赞美现代青年的罪恶——轻视他们的利己主义、激进主义、奢侈和不道德。每个父母都省吃俭用，只为了留一笔遗产给子女，而子女们却在懒散的生活中将其挥霍一空。我们费了好大劲才把孩子们送进大学，结果那里只是体育俱乐部和没有信仰的幼儿园。那些不仅为年轻的无神论者提供免费的高等教育，还提供游泳池和图书馆，这是把不可能的事变成了荒谬的事。

有没有人解释一下，谁将为所有这些买单？为了支付中小学和大学的庞大市政开支，房地产业已经承担了巨额税收。如果这些鲁莽的建议被通过，那么税收从哪里来？请每个拥有土地的市民计算一下这些奢侈行为的成本，然后再想一想，当国家政府削减了它的收入，当城市要求它来支付培养一大群布尔什维克的费用时，它自己还能剩下多少钱？

我们呼吁市长停止这场闹剧，把这些建议退回给委员会，要求他们自己筹集计划所需的资金。

您真诚的都铎·巴克

这封信在城市里开启了意见分歧的先河，并且分歧日益尖锐和深刻。由于委员会对遭到的批评不做任何回应，于是当他们提交第三份报告时，负面评论几乎达到了多数。谣言四起，有人说这份报告已经使委员会分崩离析，马上又有人注意到五十个委员中有七个人拒绝签字。这份报告如下：

我们建议城市完善对入境食品的监管，通过与新闻媒体合作，每周将公平价格清单公之于众，并采取措施防止生活必需品零售过程中的重复浪费。

我们建议城市收购和经营所有公用事业，建立自己的水力发电厂，或合作使用国家建造的发电厂，向所有愿意使用的人按成本价售出，这样城市就能远离烟雾，所有工业将变得健康干净。

我们建议城市所有的交通线路归市政所有，并由其运营。票价的提高或降低要符合维护的实际成本。发展这些设施是为了避免目前粗陋的拥挤状况，把我们的人口疏散到农村去。

我们建议鼓励企业建造公寓，并尽可能建造个人住房，并以适当的租金出租，这样家庭之乐和为人父母之乐才会得到复兴，家庭也能够恢复其从前作为道德卫士和社会秩序之源的地位。当然建造的方法须由城市来监督，所得红利也由城市来限定和担保。

我们感谢慈善家们让我们拥有了伟大的博物馆和交响乐团，也相信这些捐助会延伸到共同体的所有部门和阶层。我们要求促进当下工作的开展，以提高对艺术的理解和欣赏，目的在于培养我们所有人的品位，从而孕育出天才；培养所有人的美感，作为促进我们城市之伟大的最好保证。

第三条提案遭遇冷漠对待，或是被名褒实贬，或是被嘲笑攻击。由于这个提案造福的是整个共同体，而不是任何有组织的或是意见激烈的少数群体，因此几乎没有人表示赞成。第一份报告的另类建议所引起的关注似乎再也无法重现了。讨论交通和煤气供应无法激起人们的热情。正如烧房子比造房子更吸引人一样，当委员会着手进行重建的细节时，公众的兴趣就减弱了。虽然大家就城市的罪恶之处已经达成普遍共识，但解决方案却五花八门，并且没有一个建议能够取悦那些想要改变的多数人。

那些向城市零售商出售食品的大供应商并没有为了巧妙地维持价格而向大海倾倒库存，而是向两个党派的领导人施压，要求他们和委员会断绝关系，并拒绝相信委员会。大的煤气和电力公司的耻辱感不强，抱怨比较少，并且表明如果价格由它们定，那么它们不反对政府采购。一些公交路线采用了委员会提高票价的建议，成千上万人看到报价后，对委员会产生了强烈的敌意。投资者（其中一些人已经从《埃斯–康明斯法案》中获利，通过该法案铁路的红利由国家政府限定和担保）反对由政府限定和担保建筑红利。单身汉很高兴看到生孩子重新变得流行了。在所有这些讨论中始终存在着一个疑问：这些乌托邦式的幻想怎么得到资助呢？

资助乌托邦

在重大委员会成立一个月后，它提交了第四份也是最后一份报告，然后就休会了。令这个城市吃惊的是，这份报告像第一份报告一样，除一人外，委员会的所有成员都签名了。这份报告如下：

我们建议扩大和限制民主，这就意味着人人都有平等的机会使自己适合最高的职位，也意味着职位对所有适合的人都是有限的。我们要求在大学里成立政治行政学院，所有通过入学考试的人，无论是否是大学毕业生，都可以自由进入。这个学院的教育要像现在的医学实践要求那样全面而实用。我们建议政党越来越多地从这些行政学院的毕业生中寻找办公室低职位的候选人；建议它们任命所有高级职位时，应该最终限定为这些学院的毕业生，并且已经在较低的某个职位上任职两届。我们请求市政研究局的帮助，请它把研究拓展到对世界各地城市政府治理的现代方法研究，并对服务于城市的每个官员的行为进行持续监督。

为了资助本报告和先前报告的提议，我们建议：首先，对未使用的土地、奢侈品、所有超过一定价值的私人礼品和遗产、所有无益于共同体身心发展的公共娱乐设施征税。其次，发行长期市政债券，这样每代人既因这些改良而获益，也需要分担费用。

我们也认识到光靠这些税收来源是不够的，因此我们建议有负担能力的人向重建基金捐款，并由捐赠者和委员会共同挑选一个非政治委员会来管理这个基金。我们请求新闻媒体帮助宣传，使这个基金筹集到与我们的财富相符的数额。我们呼吁大家要有远见和热爱国家，触动那些有能力又富裕的人。没有他们的帮助，重建也可以进行，但是比较缓慢。有了他们的帮助，一代人就可以完成重建，使我们的城市与最伟大荣耀的雅典、佛罗伦萨和罗马相媲美。

为了表达我们对这件事的诚意，我们委员会成员承诺把自己未来五年总收入的五分之一捐给这个基金。

实际情况

谁能抵挡住最后一段话的诱惑呢？委员会一举重获公众的关注和曾经失去的支持。由于城市中未使用的土地凤毛麟角，所以连都铎·巴克都轻松一笑。“我们总收入的五分之一！”这是一大笔馈赠，因为委员会包括了这个国家最富有的一部分人，即使其中的社会党成员也很富裕。显然，乌托邦已经开始启动了！

在这鼓舞人心的情况下，那些从一开始就捍卫委员会的人现在更是毫不吝惜他们的赞扬。他们指出这些提案的恰当性，并表示事实上，除了少数例外，这些提案已经获得来自不同种族、不同民族、不同传统的保守派和进步派的同意。报纸把四篇报告一起重新刊登，这样读者就能完整地看到作者们想要建立的光明健康的共同体。很显然，这里尝试建立的不是机械乌托邦，不是漫步人行道和飞机往来的天堂，而是更为基本的人民生理、心理和道德素质的提高。通过这些措施，人类会为自己生产一个乌托邦，他们能够使用机器而不成为它的奴隶。

在新闻媒体的再次帮助下，重建基金迅速增长。许多个体和家庭承诺，假定提案通过的话，会捐赠他们一年收入的五分之一。委员会的一位成员悄悄交出五千万美元，这是他过去为普通教育基金募集的。女士们捐赠了珠宝，垂死的人留下了遗产，各类组织从其成员的小额捐款中筹集了大笔资金。在委员会休会的两个月内，基金已经达到一亿美元。

现在所有的目光都投向市政委员会。在市长发布提案的那天，地板上、走廊里的每个位置都被占满了，所有听众的脸上都洋溢着喜悦的光芒，因为他们觉得自己正在见证从黄金时代过渡到辉煌时代的第一个戏剧性事件。市长宣读了所有报告，解释说每个提案都将作为一项单独的措施被提交，他以雄辩的口才呼吁所有人通过这些提案。他希望，如果这些提案被通过，这届政府将成为这个城市未来的一个珍贵记忆；他也希望在其任期结束之前就启动落实这些提案。

当他讲完之后，一位老议员站起来反对这些提案。

“尊敬的市长，”他说，“我要谴责这些措施，因为这是对社会主义的卑鄙投降。那些坐镇委员会的伟大工业领袖怎么了？为什么他们完全屈服于共产主义梦想者的幼稚计划？在这些法案背后，我看见了莫斯科的红色之手，看到了第三国际的秘密影响。尽管这些提案中有些是好的，但我还是会投反对票，因为我爱我的国家，我永远不同意它被外国势力操纵。”

走廊里哄堂大笑，但是市议员们认真地听着。其中一位市议员站起来，有礼貌地指出认为提案是共产主义的这种想法是荒谬的。但是第三位发言人把讨论变成演讲。他是一个头发灰白、面容凶恶的泥瓦匠，通过多个工会办公室的层层推荐被吸收进市议会。他激昂地怒喝道：

“先生们，这些法案不仅是向俄罗斯投降，也是向长期以来试图控制我们的大利益集团投降。这个所谓的‘重大委员会’是什么？不就是有钱人的俱乐部吗？他们拿出的一小部分收入是什么？是把整个城市玩弄于股掌之上的诱饵罢了。他们的伟大基金是什么？是一大笔让他们花而不是我们花的钱，是为了把城市变成他们想要的样子。他们讨论购买公交路线是为了什么？只是为了抬高票价，或是为了让各条线路自己估价出售的虚伪借口而已。请注意，先生们，不爱国的人在打进攻战。我们看到过还有什么比这个提案更胡闹的吗？难道我们再也找不到一句好话来为勇敢的广告人和伟大的将军们辩护了吗？是他们让我们赢得了独立，维护了联盟，让世界安全地享有了民主啊。

“在所有这些提案中，对宗教只字不提。先生们，请想一想，对宗教一个字都不提！与此相反，没有信仰的建议正在失去它的道德影响力。学校里的年轻女子正在用伦理代替宗教。噢！伦理！你能打败它吗？到底什么是伦理？我知道伦理是什么，它是破坏宗教的阴谋。委员会里有一半的人都是无神论者或一元论者，他们都是一回事；或是犹太教徒，这就更糟糕了。从一开始我就知道那个委员会里的犹太教徒太多了。我说，犹太教徒太多了。

“市长大人，他们是在愚弄你啊！你和我们其他人一样，都是在这里土生土长的，一直做到了伟大城市市长这一崇高位置。他们当面告诉你，现在所有的市长都必须在那些伟大的大学里受教育。呵！那些学校的老师会告诉我们怎么管理城市吗？他们想要毁掉我们父辈为之奋斗、我们的兄弟在法兰西土地上保存的民主！他们是想从老老实实的工作中获得当官的机会。真丢人啊！如果我们投票赞成这些提案中的任何一个，那我们就是一帮丢人的傻瓜。这些骗人的提案会毁掉我们的政府，使我们美丽的城市蒙羞！”

关于提案的争论持续了好几天。市长耐心地为每一条措施做斗争，许多市议员支持他。走廊里拥挤的人群为持赞成态度的言论或投票热烈鼓掌。一星期快结束时，重大问题已经决定了，每个提案都被投票通过，人们回家了。但是没有一条措施得到落实。

即便如此，树荫依旧美好，听着孩子们的笑声依然让我们愉快！